21世纪高等学校系列教材 | 计算机应用

计算机基础
（Windows 10+WPS Office）

罗晓娟　主编
罗雪兵　严海涛　副主编

清华大学出版社
北京

内 容 简 介

本书内容分为7章,包括计算机系统与数据表示、计算机网络与Internet、计算机新技术、Windows 10操作系统、WPS文档编辑、WPS表格应用和WPS演示文稿。通过学习这些与计算机相关的基础知识,读者能够更好地掌握计算机的基本操作技能。

本书以通俗易懂的方式呈现给读者,既适合作为非计算机专业的"计算机基础"课程教材,又适合作为对信息技术感兴趣的自学者的入门学习和参考的资料。

本书封面贴有清华大学出版社防伪标签,无标签者不得销售。
版权所有,侵权必究。举报:010-62782989,beiqinquan@tup.tsinghua.edu.cn。

图书在版编目(CIP)数据

计算机基础:Windows 10+WPS Office/罗晓娟主编.—北京:清华大学出版社,2023.9
21世纪高等学校系列教材.计算机应用
ISBN 978-7-302-64637-2

Ⅰ.①计… Ⅱ.①罗… Ⅲ.①Windows 操作系统-高等学校-教材 ②办公自动化-应用软件-高等学校-教材 Ⅳ.①TP316.7 ②TP317.1

中国国家版本馆 CIP 数据核字(2023)第 168584 号

责任编辑:贾 斌
封面设计:傅瑞学
责任校对:刘惠林
责任印制:杨 艳

出版发行:清华大学出版社
    网　　址:http://www.tup.com.cn,http://www.wqbook.com
    地　　址:北京清华大学学研大厦A座　　邮　　编:100084
    社 总 机:010-83470000　　邮　　购:010-62786544
    投稿与读者服务:010-62776969,c-service@tup.tsinghua.edu.cn
    质量反馈:010-62772015,zhiliang@tup.tsinghua.edu.cn
    课件下载:http://www.tup.com.cn,010-83470236
印 装 者:河北鹏润印刷有限公司
经　　销:全国新华书店
开　　本:185mm×260mm　　印　张:15.5　　字　数:377千字
版　　次:2023年9月第1版　　印　次:2023年9月第1次印刷
印　　数:1~3500
定　　价:59.80元

产品编号:102554-01

前 言

本书是一本专为非计算机专业大学生编写的教材,旨在帮助学生掌握计算机基础知识,提高计算机应用能力。随着信息化时代的到来,计算机技术的重要性日益凸显,掌握计算机基本操作已成为每一个大学生不可或缺的技能。

本书涵盖计算机系统与数据表示、计算机网络与Internet、计算机新技术、Windows 10操作系统、WPS文档编辑、WPS表格应用、WPS演示文稿共7章内容,全面而深入地介绍了计算机基础知识。

本书的第1章和第5章由严海涛编写,第2章和第6章由罗雪兵编写,第4章和第7章由罗晓娟编写,第3章由罗雪兵、罗晓娟和严海涛共同编写。

首先,本书向读者展示了计算机系统与数据表示的基础知识,包括计算机系统的组成和指令执行过程等内容,让读者能够更好地理解计算机的工作原理。其次,本书向读者介绍了计算机网络与Internet的基础知识,包括计算机网络概念及其组成、Internet基础等内容,帮助读者了解网络通信的基本原理。再次,本书介绍了一些最新的计算机技术,如云计算、人工智能等,帮助读者了解当前计算机技术的最新发展。最后,本书向读者介绍了Windows 10操作系统和WPS办公软件的基础应用知识,帮助读者快速使用计算机进行工作和学习。

本书既适合初学者学习计算机基础知识,也适合有一定基础的读者进行深入学习。我们相信,通过阅读本书,读者能够更好地掌握计算机基础知识,提高计算机应用能力,为未来的学习和工作打下坚实的基础。

在本书的编写过程中,得到了众多亲朋好友的支持和帮助,在此一并表示感谢。最后,我们感谢您的阅读,也期待您对本书提出宝贵的意见和建议,以便我们更好地对本书内容进行完善。

2023年5月10日

作　者

目 录

第 1 章 计算机系统与数据表示 ··· 1

1.1 认识计算机系统 ··· 1
    1.1.1 计算机的起源 ·· 1
    1.1.2 计算机的诞生 ·· 2
    1.1.3 计算机的发展 ·· 2
    1.1.4 计算机的分类 ·· 6

1.2 计算机系统的组成 ··· 10
    1.2.1 硬件系统 ··· 10
    1.2.2 软件系统 ··· 14

1.3 计算机的工作原理 ··· 16
    1.3.1 指令和程序 ·· 16
    1.3.2 工作原理 ··· 16

1.4 计算机进制 ·· 17
    1.4.1 数制 ··· 17
    1.4.2 四种进位记数制 ·· 17
    1.4.3 不同进制之间的转换 ·· 19
    1.4.4 二进制数及其运算法则 ··· 22

1.5 计算机数值表示法 ··· 23
    1.5.1 机器数与真值 ··· 23
    1.5.2 数值编码的基础概念和计算方法 ······································ 24
    1.5.3 为何要使用原码、反码和补码 ·· 25

1.6 计算机中常用的信息编码 ·· 26
    1.6.1 字符编码定义 ··· 26
    1.6.2 第一张编码表 ASCII ··· 26
    1.6.3 扩展 ASCII 编码 ISO 8859 ·· 27
    1.6.4 中文字符编码 ··· 27
    1.6.5 Unicode 编码 ··· 29

1.7 键盘的认识和文字录入练习 ·· 30
    1.7.1 认识键盘 ··· 30
    1.7.2 使用键盘 ··· 32

本章小结 ·· 33
习题 ··· 33

第 2 章 计算机网络与 Internet ... 36

2.1 计算机网络概念及其组成 ... 36
- 2.1.1 计算机网络的定义、分类及性能 ... 36
- 2.1.2 计算机网络的组成 ... 38

2.2 Internet 基础 ... 41
- 2.2.1 Internet 概念 ... 41
- 2.2.2 Internet 接入方式 ... 41
- 2.2.3 IP 地址与域名 ... 42
- 2.2.4 Internet 中的 C/S 结构 ... 43

2.3 Internet 简单应用 ... 43
- 2.3.1 浏览器与搜索引擎的使用 ... 43
- 2.3.2 电子邮件 ... 47
- 2.3.3 FTP ... 49

2.4 网络安全 ... 50
- 2.4.1 网络安全概述 ... 50
- 2.4.2 防火墙 ... 51
- 2.4.3 加密技术 ... 51
- 2.4.4 计算机病毒 ... 52

本章小结 ... 53
习题 ... 53

第 3 章 计算机新技术 ... 55

3.1 人工智能 ... 55
- 3.1.1 人工智能概述 ... 55
- 3.1.2 人工智能发展历程 ... 56
- 3.1.3 人工智能的技术分支 ... 57
- 3.1.4 人工智能的应用 ... 61

3.2 云计算 ... 62
- 3.2.1 云计算的产生 ... 62
- 3.2.2 云计算的定义 ... 63
- 3.2.3 云计算的分类 ... 63
- 3.2.4 云计算的关键技术 ... 65
- 3.2.5 云计算的特点 ... 66
- 3.2.6 云计算的应用 ... 67

3.3 大数据 ... 68
- 3.3.1 大数据的概念 ... 68
- 3.3.2 大数据的特征 ... 68
- 3.3.3 大数据的关键技术 ... 69

  3.3.4 大数据的应用 …………………………………………………… 70
3.4 物联网 ……………………………………………………………………… 70
  3.4.1 物联网概述 …………………………………………………… 70
  3.4.2 物联网的关键技术 …………………………………………… 71
  3.4.3 物联网的应用 ………………………………………………… 72
3.5 虚拟现实和增强现实 ……………………………………………………… 73
  3.5.1 虚拟现实概述 ………………………………………………… 73
  3.5.2 虚拟现实的发展历程 ………………………………………… 73
  3.5.3 虚拟现实的关键技术 ………………………………………… 74
  3.5.4 增强现实概述 ………………………………………………… 75
  3.5.5 增强现实的技术特征 ………………………………………… 75
  3.5.6 虚拟现实和增强现实的应用 ………………………………… 75
3.6 区块链 ……………………………………………………………………… 77
  3.6.1 区块链的概念 ………………………………………………… 77
  3.6.2 区块链的基本特征 …………………………………………… 77
  3.6.3 区块链的关键技术 …………………………………………… 78
  3.6.4 区块链的类型 ………………………………………………… 78
  3.6.5 区块链的应用 ………………………………………………… 79
3.7 5G ………………………………………………………………………… 80
  3.7.1 5G 概述 ……………………………………………………… 80
  3.7.2 5G 的基本特点 ……………………………………………… 80
  3.7.3 5G 的关键技术 ……………………………………………… 81
  3.7.4 5G 的应用 …………………………………………………… 83
3.8 生物计算 …………………………………………………………………… 84
  3.8.1 生物计算概述 ………………………………………………… 84
  3.8.2 生物计算分类 ………………………………………………… 84
  3.8.3 生物计算的关键技术 ………………………………………… 85
  3.8.4 生物计算的应用 ……………………………………………… 85
本章小结 …………………………………………………………………………… 86
习题 ………………………………………………………………………………… 86

第4章 Windows 10 操作系统 …………………………………………………… 88

4.1 Windows 发展简史 ………………………………………………………… 88
4.2 Windows 10 概述 …………………………………………………………… 90
  4.2.1 Windows 10 的新特性 ……………………………………… 90
  4.2.2 Windows 10 的安装 ………………………………………… 91
  4.2.3 Windows 10 快速启动 ……………………………………… 94
4.3 Windows 10 的界面与操作 ………………………………………………… 95
  4.3.1 Windows 10 桌面 …………………………………………… 96

  4.3.2 Windows 10 应用程序的使用 ··· 99

  4.3.3 Windows 10 窗口操作 ·· 101

  4.3.4 Windows 10 剪贴板 ·· 104

 4.4 Windows 10 的文件与文件夹的管理 ·· 105

  4.4.1 案例描述 ·· 105

  4.4.2 文件和文件夹的基本概念 ·· 105

  4.4.3 文件资源管理器 ·· 106

  4.4.4 文件和文件夹的组织与管理 ·· 107

  4.4.5 案例实施 ·· 110

本章小结 ·· 113

上机实验 ·· 113

第 5 章 WPS 文档编辑 ·· 119

 5.1 WPS 文字模块简介 ·· 119

  5.1.1 WPS 概述 ·· 119

  5.1.2 WPS 文字的功能 ··· 120

 5.2 WPS 文字的基础知识 ··· 122

  5.2.1 WPS 的启动 ··· 122

  5.2.2 WPS 的退出 ··· 122

  5.2.3 WPS 文字的窗口组成 ··· 123

 5.3 文档的基本操作 ·· 124

  5.3.1 文档的新建 ·· 124

  5.3.2 文档的打开和关闭 ··· 125

  5.3.3 文档的显示方式 ·· 126

 5.4 文档的基本排版 ·· 128

  5.4.1 输入文档内容 ··· 128

  5.4.2 文本的编辑 ·· 131

  5.4.3 拼写检查与自动更正 ·· 134

  5.4.4 设置字符格式 ··· 134

  5.4.5 设置段落格式 ··· 134

 5.5 图文混排 ··· 136

  5.5.1 使用文本框 ·· 137

  5.5.2 使用图片、截屏和屏幕录制 ·· 137

  5.5.3 使用艺术字 ·· 138

  5.5.4 使用各类图形 ··· 138

  5.5.5 使用图表 ·· 139

  5.5.6 使用二维码 ·· 139

 5.6 使用表格 ··· 139

  5.6.1 创建表格 ·· 140

		5.6.2 编辑表格	141
		5.6.3 设置表格格式	142
		5.6.4 表格的高级应用	142
	5.7	文档的高级排版	143
		5.7.1 格式刷的使用	144
		5.7.2 长文档处理	144
		5.7.3 分隔符的使用	145
		5.7.4 编辑页眉和页脚	145
		5.7.5 编辑脚注、尾注和题注	146
		5.7.6 文档的页面设置与打印	147
本章小结			150
上机实验			150

第6章 WPS表格应用 — 162

6.1	WPS表格的基本操作		162
	6.1.1	WPS表格的基本概念	162
	6.1.2	WPS表格工作窗口	163
	6.1.3	WPS表格数据类型	164
	6.1.4	WPS表格数据录入	164
6.2	学生成绩分析		170
	6.2.1	工作表的基本操作	170
	6.2.2	工作表的美化	171
	6.2.3	认识公式和函数	174
	6.2.4	图表的操作	180
	6.2.5	案例实现	183
6.3	销售情况统计		188
	6.3.1	查找函数的用法	189
	6.3.2	数据管理和分析	192
	6.3.3	案例实现	198
6.4	WPS表格的高级应用		203
	6.4.1	合并计算	203
	6.4.2	模拟分析	204
本章小结			206
上机实验			206

第7章 WPS演示文稿 — 210

7.1	创建与编辑演示文稿		210
	7.1.1	创建和保存演示文稿	210
	7.1.2	创建演示文稿大纲	212

7.1.3　在幻灯片中输入文本 ………………………………………………… 213
　　7.1.4　设置字体格式 ………………………………………………………… 215
　　7.1.5　设置段落对齐方式 …………………………………………………… 217
　　7.1.6　设置项目符号与段落间距 …………………………………………… 217
7.2　装饰与美化演示文稿 …………………………………………………………… 219
　　7.2.1　制作幻灯片背景 ……………………………………………………… 219
　　7.2.2　插入并编辑图片 ……………………………………………………… 220
　　7.2.3　插入并编辑形状 ……………………………………………………… 222
　　7.2.4　编辑幻灯片母版 ……………………………………………………… 224
　　7.2.5　添加视频文件 ………………………………………………………… 225
　　7.2.6　插入超链接、动作 …………………………………………………… 227
7.3　设置动画与放映 ………………………………………………………………… 230
　　7.3.1　添加幻灯片动画 ……………………………………………………… 231
　　7.3.2　设置幻灯片动画 ……………………………………………………… 232
　　7.3.3　设置幻灯片的切换方案 ……………………………………………… 233
　　7.3.4　设置放映方式与时间 ………………………………………………… 233
本章小结 …………………………………………………………………………………… 234
上机实验 …………………………………………………………………………………… 235

参考文献 …………………………………………………………………………………… 236

第1章 计算机系统与数据表示

现代计算机技术是人类历史上伟大的发明之一。从第一台通用计算机 ENIAC 的诞生到现在虽然只经历了不到 80 年的时间，但计算机技术的发展风驰电掣，从最初的单一计算功能到现在高速的数据存储和处理等多项功能，计算机技术已经渗透到社会的各个领域。它不仅改变了人类社会的面貌，而且正改变着人们的工作、学习和生活方式，如人工智能、虚拟现实、云计算、无人驾驶技术、数字货币技术、电子支付技术、大数据技术等，计算机已经成为社会创新发展和人们工作生活中不可或缺的工具。学习最新的计算机技术、掌握计算机的基础知识和操作技能是每一个大学生应具备的基本素质。

1.1 认识计算机系统

1.1.1 计算机的起源

计算机是人类社会活动发展的产物，其本质是人类发明的智能计算工具，用来帮助人类进行复杂的计算工作及处理复杂的社会问题。在原始社会，人类开始使用结绳、垒石、枝条或刻字等方式进行辅助计算和计数。大约在春秋时期，我们的祖先发明了算筹计数的"筹算法"。6 世纪，我国开始使用算盘作为计算工具，算盘是我国人民独特的创造，也是第一种彻底使用十进制计算的工具。在现代真正的电子计算机诞生之前，人们实现了十进制计算的机械计算机。19 世纪，英国数学家查尔斯·巴贝奇(Charles Babbage)提出通用数字计算机的基本设计思想，于 1822 年设计了一台差分机，并于 1834 年发明了分析机，在这项设计中，他曾设想根据存储数据的穿孔卡上的指令进行任何数学运算的可能性，并设想了现代计算机所具有的大多数其他特性，之后他被誉为"计算机之父"。

现代电子计算机的诞生真正得益于 3 个重要的发明创造：①17 世纪数学家莱布尼茨发明的二进制计算法；②19 世纪布尔代数的发明；③利用电力开关电路模拟布尔逻辑。英国数学家图灵曾设想过这样一台机器，这台机器的目的只有一个，即读取某一可描述任务的编码指令，并根据指令自行完成任务，这样的机器设想被称为图灵机。10 年后，图灵的想法就变成了现实。那些指令变成了程序，而图灵设想的机器在另一位数学家冯·诺依曼的手中变成了一台真正意义上的通用计算机。

1.1.2 计算机的诞生

1943年,美国军方为解决弹道轨迹的快速计算问题而开始寻求合作研发电子数字积分计算机(Electronic Numerical Integrator And Computer,ENIAC),该项目吸引了不少才华横溢的数学家加入ENIAC项目,其中包括冯·诺依曼。冯·诺依曼加入ENIAC项目后,为建造ENIAC做出了许多贡献,也为现代计算机的体系结构提供了基本设想。很快,他们就于1946年生产了第一台ENIAC样机,ENIAC的计算速度达到了每秒5000次加法运算,将原来用台式计算器计算弹道轨迹的时间从7~8小时缩减到30秒以下,这是一个非常了不起的进步,真正意义上的通用计算机就此诞生。第一台通用计算机ENIAC如图1-1所示。

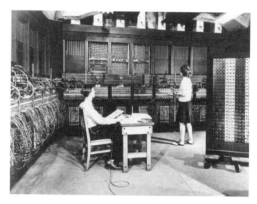

图1-1 第一台通用计算机ENIAC

ENIAC是一个庞然大物,使用了70 000个电阻、18 000多个电子管、10 000个电容、1500个继电器,占地面积约170平方米,重达30英吨。

ENIAC采用十进制进行计算,存储量很小。程序是用线路连接的方式来表示的,由于计算和程序是分离的,程序指令存放在计算机的外部电路中,每当需要计算题目时,首先必须由人工连接数百条线路,往往几分钟的计算需要人工准备几天的时间。针对ENIAC的这些缺陷,冯·诺依曼提出了将指令和数据一起存储在计算机中,让计算机能自动地执行程序,即存储程序思想。虽然ENIAC的性能相对于现代计算机来说微不足道,但它的诞生宣布了电子计算机时代的到来,标志着人类计算工具的由手工转到了自动化,产生了质的飞跃,具有划时代的意义。

1.1.3 计算机的发展

从第一台电子计算机ENIAC每秒5000次的运算开始到2013年6月,我国国防科技大学研制的"天河二号"峰值运算速度达每秒5.49亿亿次,计算机系统结构、元器件、存储设备和软件配置等都发生了巨大的变化。"天河二号"持续计算速度达每秒3.39亿亿次,轻松摘得世界超级计算机500强桂冠。我国超级计算机研制达到世界领先水平。

电子计算机的发展阶段通常以构成计算机的电子器件来划分,至今已经历了四代,目前正在向第五代迈进。每一个发展阶段在硬件和软件技术上都是一次新的突破,在整体性能上都是一次质的飞跃。

1. 第一代(1947—1957年)电子管计算机

第一代计算机的采用电子管代替继电器和机械齿轮作为基本元器件,因此称为电子管计算机。其主要特征如下。

(1) 电子管元器件,体积庞大,耗电量高,可靠性差,维护困难。
(2) 采用二进制代替十进制,即所有指令和数据用 0 和 1 的组成的数字串表示。
(3) 使用机器语言编写程序,没有系统软件。
(4) 采用磁鼓、小磁芯作为存储器,存储空间有限。
(5) 输入、输出设备简单,采用穿孔纸带或卡片。
(6) 运算速度慢,一般为每秒 1000 次到 1 万次,主要用于科学计算。

2. 第二代(1958—1964年)晶体管计算机

第二代计算机采用的主要元件是晶体管,因此称为晶体管计算机。计算机体系结构与硬件性能发生了很大变化,计算机软件也有了较大发展。其主要特征如下。

(1) 采用晶体管元件作为计算机的元器件,体积大大缩小,功耗小,成本低,可靠性增强,寿命延长,运算速度加快,达到每秒几万次到几十万次。
(2) 主存储器采用磁芯存储器,辅助存储器采用磁盘与磁带,存储容量增大,存取速度变快,可靠性提高,为系统软件的产生提供了条件,出现了监控程序,后面发展成操作系统。
(3) 程序设计语言逐渐由汇编语言代替机器语言,接着又产生了如 FORTRAN 和 COBOL 等高级程序设计语言和批处理系统。高级程序设计语言的出现使程序的编写变得更为简单和方便。
(4) 计算机体系结构的许多新技术相继出现,如中断、寻址、浮点数据表示、变址寄存器和输入输出处理机等。
(5) 计算机应用领域扩大,从军事研究、科学计算领域扩大到数据处理和实时过程控制等领域,并开始进入商业市场。

3. 第三代(1965—1970年)中小规模集成电路计算机

20 世纪 60 年代中期,随着半导体工艺的发展,已制造出了集成电路元件。集成电路用特殊的工艺在几平方毫米的单晶硅片上集成十几个甚至上百个电子元件。计算机开始采用中小规模的集成电路元件,这一代计算机比晶体管计算机体积更小,耗电更少,功能更强,寿命更长,综合性能也得到了进一步提高。其主要特征如下。

(1) 采用中小规模集成电路元件,体积进一步缩小,寿命更长,运算速度达到每秒几百万次。
(2) 使用半导体存储器取代了磁芯存储器,性能优越,容量增大并且存取速度加快。
(3) 普遍采用了微程序设计技术,体系结构具有兼容性,使计算机走向了系统化、标准化、通用化。
(4) 系统软件和应用软件都有较大发展,操作系统的出现使计算机功能更强,高级语言进一步发展,提出了结构化程序的设计思想。
(5) 出现了成本较低的小型计算机,计算机应用范围扩大到企业管理和辅助设计等领域。

4. 第四代（1971年至今）大规模和超大规模集成电路计算机

20世纪70年代初，随着集成电路制造技术的飞速发展，大规模集成电路元件产生了，使计算机进入了一个新的时代，即大规模和超大规模集成电路计算机时代。这一时期的计算机的体积、质量、功耗进一步减少，运算速度、存储容量、可靠性有了大幅度的提高，计算机的性能价格比基本上以每18个月翻一番的速度上升，即著名的摩尔定律。其主要特征如下。

（1）采用大规模和超大规模集成电路逻辑元件，第四代计算机的体积与第三代计算机相比进一步缩小，可靠性更高，寿命更长，运算速度更快，每秒可达几千万次到几十亿次。

（2）系统软件和应用软件获得了巨大的发展，高级程序设计语言Pascal、Ada、C、C++和Java等得到了广泛应用。

（3）微型计算机迅速发展和普及，成为人们生活、工作和学习的基本工具。

（4）数字通信、计算机网络、分布式处理有了很大的发展，计算机技术和通信技术紧密结合，形成了世界一体的互联网，很大程度上改变了人们的工作和生活方式。

（5）计算机应用朝着更深、更广的方向发展，在办公自动化、数据库管理、图像处理、语言识别和专家系统等各个领域得到应用，电子商务已开始进入家庭，计算机的发展进入一个新的历史时期。

5. 我国计算机技术的发展

华罗庚教授是我国计算技术的奠基人和最主要的开拓者之一。早在1947—1948年，华罗庚在美国普林斯顿高等研究院任访问研究员时，就和冯·诺依曼、哥尔德等人有过深入的交流。华罗庚在数学上的造诣和成就深受冯·诺依曼等人的赞赏。当时，冯·诺依曼正在设计世界上第一台存储程序的通用电子数字计算机。冯·诺依曼让华罗庚参观实验室，并常和他讨论有关学术问题。这时，华罗庚的心里已经开始勾画中国电子计算机事业的蓝图。华罗庚于1950年回国，1952年在全国大学院系调整时，他从清华大学电机系挑选了闵乃大、夏培肃和王传英三位科研人员在他任所长的中国科学院数学研究所内建立了中国第一个电子计算机科研小组。1956年筹建中国科学院计算技术研究所时，华罗庚教授担任筹备委员会主任。

1956年3月，由闵乃大教授、胡世华教授、徐献瑜教授、张效祥教授、吴几康副研究员和北京大学的党政人员组成的代表团，参加了在莫斯科主办的"计算技术发展道路"国际会议。这次参会可以说是到苏联"取经"，为我国制定"十二年科学技术发展远景规划"的计算机部分做技术准备。随后在制定的"十二年科学技术发展远景规划"中确定中国要研制计算机，并批准中国科学院成立计算技术、半导体、电子学及自动化四个研究所。当时的计算技术研究所筹备处由中国科学院、中国人民解放军总参谋部第三部、国防部第五研究院（后来的第七机械工业部）、第二机械工业部第十局（后来的第四机械工业部）四个单位联合成立，北京大学、清华大学也相应成立了计算数学专业和计算机专业。为了迅速培养计算机专业人才，我国举办了第一届计算机训练班和第一届计算数学训练班，计算数学训练班的学生有幸听到了刚刚归国的国际控制论的权威专家钱学森教授及在美国有3~4年编程经验的董铁宝教授的演讲。

在此之后以中国科学院计算技术研究所为主要机构,我国的计算研制工作逐步走上正轨,下面是我国计算发展的四个阶段。

(1) 第一代电子管计算机研制(1958—1964年)。

我国从1957年开始研制通用数字电子计算机,1958年8月1日该机可以演示短程序运行,标志着我国第一台电子计算机诞生。为纪念这个日子,该机被命名为八一型数字电子计算机。该机在738厂开始小量生产,改名为103型计算机(即DJS-1型),共生产38台。1958年5月我国开始了第一台大型通用电子计算机(104机)的研制,以苏联当时正在研制的 БЭСМ-Ⅱ 计算机为蓝本,在苏联专家的指导和帮助下,中国科学院计算技术研究所、原第四机械工业部、原第七机械工业部和部队的科研人员与国营738厂密切配合,于1959年国庆节前完成了研制任务。在研制104机同时,夏培肃院士领导的科研小组首次自行设计,于1960年4月成功研制了一台小型通用电子计算机——107机。1964年,我国第一台自行设计的大型通用数字电子管计算机119机研制成功,平均浮点运算速度每秒5万次,参加119机研制的科研人员约有250人,有十几个单位参与协作。

(2) 第二代晶体管计算机研制(1965—1972年)。

1965年,中国科学院计算技术研究所研制成功了我国第一台大型晶体管计算机——109乙机,并对109乙机加以改进,两年后又推出109丙机。109丙机在我国两弹试制中发挥了重要作用,被用户誉为"功勋机"。华北计算技术研究所先后成功研制108机、108乙机(DJS-6)、121机(DJS-21)和320机(DJS-8),并在国营738厂等五家工厂生产。1965—1975年,国营738厂共生产320机等第二代产品380余台。中国人民解放军军事工程学院(国防科技大学前身)于1965年2月成功推出了441B晶体管计算机并小批量生产了40多台。

(3) 第三代中小规模集成电路的计算机研制(1973年至20世纪80年代初)。

1973年,北京大学与国营738厂等单位合作成功研制运算速度每秒100万次的大型通用计算机。1974年,清华大学等单位联合设计并成功研制DJS-130小型计算机,之后又推出DJS-140小型机,形成了100系列产品。与此同时,以华北计算技术研究所为主要基地,组织全国57个单位联合进行DJS-200系列计算机的设计,同时也设计开发DJS-180系列超级小型机。20世纪70年代后期,电子工业部第三十二研究所和国防科技大学分别成功研制655机和151机,速度都在百万次级。进入20世纪80年代,我国高速计算机,特别是向量计算机有了新的发展。

(4) 第四代超大规模集成电路的计算机研制(20世纪80年代至今)。

20世纪80年代以前,我国除了有电子管计算机和晶体管计算机外,还没有计算速度能达到每秒千万次的超大规模集成电路的巨型计算机。在现实中,由于国家没有巨型计算机,防汛部门就无法对复杂的气候进行中长期预报。因此,有几次洪峰突然袭来,事先没有准备,使人民的生命财产蒙受巨大损失。同样也是由于没有巨型计算机,石油部门每年要将勘探出来的大量石油矿藏数据和资料用飞机送到国外去做三维处理,这不仅花费昂贵,而且国家的资源情况首先被外国人掌握,还会受制于人。面对日新月异的发展需求,我国必须要具备可以和发达国家一比高低的巨型计算机。

1978年3月,邓小平代表党中央作出决定,亿次巨型计算机由国防科技大学研制。慈云桂担任了这一任务的总指挥和总设计师。他们充分利用对外开放的有利条件,设计出既符合中国国情又与国际主流巨型计算机兼容的中国亿次巨型计算机总体方案。1983年12月22日,中国第一台每秒运算一亿次以上的"银河"巨型计算机在长沙研制成功。慈云桂组织精兵强将在非常困难的条件下,不畏艰辛,不怕牺牲,奋勇攻关,在新技术、新工艺和新理论的探索中,终于使"银河"巨型计算机比国际主流巨型计算机在10方面有了创造性的发展,填补了国内巨型计算机的空白,使我国成为世界上少数几个拥有研制巨型计算机的国家之一。巨型计算机在石油勘探、气象预报和工程物理等研究领域广泛应用。我国成为继美国、日本之后,第三个能独立设计和制造巨型计算机的国家,标志着我国进入了世界研制巨型计算机的先进行列。随后,中国的高性能计算机迎来了快速发展的时期,并研制出性能更优越的"银河"系列巨型计算机和"天河"系列巨型计算机。

1.1.4　计算机的分类

随着超大规模集成电路技术的不断发展及计算机应用领域的不断扩展,形成了对计算机的不同分类。按计算机结构原理可分为模拟计算机、数字计算机和混合计算机;按计算机用途可分为通用计算机和专用计算机;更多的是按计算机的字长、运算速度、存储容量等相关性能指标,将计算机分为巨型计算机、大型计算机、小型计算机、微型计算机和嵌入式计算机等。

1. 巨型计算机

巨型计算机也称为超级计算机,是指运算速度快、存储容量大和功能强的计算机。这既是诸如天文、气象、原子、核反应等尖端科学技术的需要,也是为了让计算机具有人脑学习、推理的复杂功能。现在的巨型计算机,其运算速度有的每秒超过百亿次,有的每秒已达到万亿次。

我国在巨型计算机方面发展迅速,已跃升到国际先进水平国家当中。我国是第一个制造出巨型计算机的发展中国家。自我国于1983年研制出第一台巨型计算机——"银河一号"之后,我国又以国产微处理器为基础制造出第一台巨型计算机,名为"神威蓝光"。2019年11月,在最新一期世界巨型计算机500强榜单中,我国占据了227个,"神威·太湖之光"巨型计算机居榜单第三位,"天河二号"巨型计算机居第四位。

我国于2020年最新研制的巨型计算机"天河三号"原型机采用全自主创新,自主飞腾CPU,自主天河高速互连通信,自主麒麟操作系统。"天河三号"巨型计算机的浮点计算处理能力将达到10的18次方,是"天河一号"的200倍,存储规模是"天河一号"的100倍。其工作1小时相当于13亿人上万年的工作量。"天河三号"超级计算机实现了四大自主创新:三款芯片——"迈创"众核处理器(Matrix-2000+)、互连接口芯片、路由器芯片;四类计算、存储和服务节点,十余种PCB电路板;新型的计算处理、高速互连、并行存储、服务处理、监控诊断、基础架构等硬件分系统;系统操作、并行开发、应用支撑和综合管理等软件分系统。"天河三号"原型机如图1-2所示。

2. 大型计算机

大型计算机也称大型主机。大型计算机使用专用的处理器指令集、操作系统和应用软件。大型计算机一词,最初是指装在非常大的带框铁盒子里的大型计算机,用来同小型机和

图 1-2 "天河三号"原型机

微型机区分。

大型计算机和巨型计算机的主要区别如下。

大型计算机使用专用处理器和操作系统,而巨型计算机使用通用处理器及 UNIX 或类 UNIX 操作系统(如 Linux)。大型计算机主要用于非数值计算(数据处理),而巨型计算机主要用于数值计算(科学计算)。大型计算机主要用于商业领域,如银行和电信,而巨型计算机用于尖端科学领域,特别是国防领域。大型计算机大量使用冗余等技术确保其安全性及稳定性,所以内部结构通常有两套,而巨型计算机使用大量处理器,通常由多个机柜组成。国产曙光大型机如图 1-3 所示。

图 1-3 曙光大型机

3. 小型计算机

小型计算机是指采用精简指令集处理器,性能和价格介于 PC 服务器和大型计算机之间的一种高性能计算机。国外小型计算机对应的英文名是 minicomputer 和 midrange computer。midrange computer 是相对于大型计算机和微型计算机而言的,不应被翻译为中型计算机,minicomputer 一词是由美国数字设备公司于 1965 年创造的。在我国,小型计算机习惯上用来指 UNIX 服务器。1971 年,贝尔实验室发布多任务多用户操作系统 UNIX,随后被一些商业公司采用,成为后来服务器的主流操作系统。这类服务器主要用于金融证券和交通等对业务的单点运行具有高可靠性的行业。

小型计算机跟普通的服务器(也就是常说的 PC 服务器)是有很大差别的,最重要的一点就是小型计算机的高 RAS 特性。RAS 是 Reliability,Availability 和 Serviceability 三个英文单词的缩写,它反映了计算机的可靠性、可用性和服务性三个重要特点,其具体含义如下。

可靠性(Reliability):计算机能够持续运转的能力。

可用性(Availability):重要资源都有备份;能够检测到潜在发生的问题,并且能够转移其上正在运行的任务到其他资源上,以减少停机时间,保持生产的持续运转;具有实时在线维护和延迟性维护功能。

服务性(Serviceability):能够实时在线诊断,精确定位出根本问题所在,做到准确无误的快速修复。

小型计算机如图1-4所示。

4. 微型计算机

微型计算机简称"微型机"或"微机",由于其具备类拟人脑的某些智能功能,所以也称其为"微电脑"。微型计算机是由大规模集成电路组成的、体积较小的电子计算机。它是以微处理器为基础,配以主存储器及输入输出(I/O)接口电路和相应的辅助电路而构成的裸机。

我国华为技术有限公司在经历了漫长的技术研发和沉淀之后,2016年,华为平板式计算机M3成了华为首个百万级爆款单品,而2019年发布的

图1-4 小型计算机

平板式计算机MatePad,更是将平板式计算机从娱乐必备逐渐过渡到了生产力工具,这是整个平板式计算机市场上的一次里程碑事件,也是从MatePad开始,后续市场上越来越多的平板式计算机开始强调生产力。华为技术有限公司进入个人计算机市场可谓是"后来者"。同样是2016年,华为技术有限公司带来了首款笔记本式计算机——华为MateBook,这是一款二合一笔记本式计算机产品,并在当年的巴塞罗那通信展上收获了24个全球金牌媒体奖项。

微型计算机主要包括台式计算机、计算机一体机、笔记本式计算机、掌上计算机和平板式计算机等。

(1)台式计算机:台式计算机是应用非常广泛的微型计算机,也叫桌面计算机,是一种独立分离的计算机,体积相对较大,主机和显示器等设备一般都是相对独立的,需要放置在桌子或者专门的工作台上,因此命名为台式计算机。台式计算机的机箱空间大,通风条件好,具有良好的散热功能;独立的机箱方便用户进行硬件升级,如光驱、硬盘;台式计算机机箱的开关键、重启键、USB接口和音频接口都在机箱前置面板中,方便用户的使用。

(2)计算机一体机:计算机一体机是由一台显示器、一个键盘和一个鼠标组成的计算机。它的芯片、主板与显示器集成在一起,显示器就是一台计算机,因此只要将键盘和鼠标连接到显示器上就能使用。随着无线通信技术的发展,计算机一体机的键盘、鼠标与显示器可实现无线连接,其只需一根电源线,在很大程度上解决了一直为人诟病的台式计算机线缆多而杂乱的问题。我国华为计算机一体机如图1-5所示。

（3）笔记本式计算机：笔记本式计算机是一种小型、可携带的个人计算机，通常质量为1～3 kg。它与台式计算机架构类似，但是它具有更好的便携性。笔记本式计算机除了键盘外，还提供了触控板或触控点，以便具有更好的定位和输入功能。笔记本式计算机如图1-6所示。

图1-5　华为计算机一体机

图1-6　笔记本式计算机

（4）掌上计算机：掌上计算机（Personal Digital Assistant，PDA）是个人数字助手的意思，顾名思义就是辅助个人工作的数字工具，主要提供记事、通讯录、名片交换及行程安排等功能，可以帮助人们在移动中工作、学习和娱乐等。按使用来分类，PDA分为工业级PDA和消费级PDA。工业级PDA主要应用在工业领域，常见的有条形码扫描器、RFID读写器和POS机等；消费级PDA包括的比较多，比如智能手机和手持的游戏机等。

（5）平板式计算机：平板式计算机是一种小型且方便携带的个人计算机，以触摸屏作为基本的输入设备。它拥有的触摸屏允许用户通过触控笔或数字笔来进行作业而不是传统的键盘或鼠标。用户可以通过内置的手写识别、屏幕上的软键盘、语音识别或者一个与该机型适配的键盘进行输入。

5．嵌入式计算机

嵌入式技术就是专用计算机技术，这个"专用"是指针对某个特定的应用，如网络、通信、音频、视频和工业控制等。从学术的角度来说，嵌入式系统是以应用为中心，以计算机技术为基础，并且软硬件可裁剪，适用于应用系统对功能、可靠性、成本、体积、功耗等有严格要求的专用计算机系统。嵌入式计算机一般由嵌入式微处理器、外围硬件设备、嵌入式操作系统及用户的应用程序等部分组成，它是可独立工作的。嵌入式计算机如图1-7所示。

嵌入式系统将系统的应用软件与硬件集成于一体，类似于个人计算机中BIOS的工作方式，具有软件代码少、高度自动化和响应速度快等特点，特别适合于要求实时和多任务的体系。嵌入式系统几乎包括了生活中所有的电气设备，如PDA、计算器、电子表、电话、收音机、录音机、影碟机、手机、电话手表、平板式计算机、电视机顶盒、路由器、数字电视、汽车、火车、地铁、飞机、微波炉、烤箱、照相机、摄像机、读卡器、POS机、洗衣机、热

图1-7　嵌入式计算机

水器、电磁炉、家庭自动化系统、电梯、空调、安全系统、导航系统、自动售货机、工业自动化仪表、医疗仪器、互动游戏机、虚拟现实、机器人、学习机和点读机等。

1.2 计算机系统的组成

计算机系统包括硬件系统和软件系统两大部分。硬件系统由中央处理器、主存储器、辅助存储器和输入输出设备组成。硬件系统指组成计算机的物理装置，是计算机进行工作的物质基础。软件系统是运行在硬件系统基础之上的，也是为管理、控制计算机各种硬件设备而编制的程序、数据的总称。软件系统分为两大类，即系统软件和应用软件。计算机通过执行程序而运行，计算机工作时，软硬件协同工作，二者缺一不可。计算机系统的组成如图 1-8 所示。

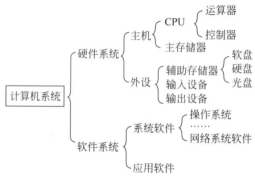

图 1-8 计算机系统结构图

1.2.1 硬件系统

根据冯·诺依曼的设计思想，计算机硬件系统由五个基本组件组成：运算器、控制器、存储器、输入设备和输出设备。与 ENIAC 相比，这个设计思想有两个重大改进，一是采用二进制，二是提出了存储程序的设计思想，即用记忆数据的同一装置存储执行运算的命令，使程序的执行可自动地从一条指令进入到下一条指令。这个概念被誉为计算机史上的一个里程碑。

硬件是计算机运行的物质基础，计算机的性能（如运算速度、存储容量和可靠性等）很大程度上取决于硬件的配置。仅有硬件而没有任何软件支持的计算机称为裸机。在裸机上只能运行机器语言程序，使用很不方便，效率也低。因此，早期只有少数专业人员才能使用计算机。

计算机的硬件设备主要包括以下几部分。

1. 中央处理器

中央处理器简称 CPU，是计算机硬件系统的核心。CPU 品质的高低直接决定了计算机系统的档次，它主要包括控制器、运算器和寄存器。微型计算机的 CPU 一般集成在一块与火柴盒大小差不多的芯片上。我国研发的全球首款 5 纳米麒麟 9000CPU 如图 1-9 所示。

(1) 控制器。

控制器是计算机的指挥中心,它根据软件程序中的指令控制计算机各个部件协调一致地工作,它的主要任务是从存储器中取出指令,分析指令,然后对指令译码,按时间顺序和节拍向其他部件发出控制信号。

(2) 运算器。

运算器是专门负责处理数据的部件,即对各种信息进行加工处理,它既能进行算术运算,也能执行关系和逻辑运算。

(3) 寄存器。

寄存器是 CPU 内部的存储单元,空间小但存取速度快,用来暂时存放指令、即将被处理的数据、下一条指令地址及处理的结果等,它的位数可以代表计算机的字长。

图 1-9　麒麟 9000CPU

2. 存储器

存储器的主要功能是存放程序和数据。使用时,计算机可以从存储器中取出信息来查看或运行程序,称其为存储器的读操作;计算机也可以把信息写入存储器、修改原有信息或删除原有信息,称其为存储器的写操作。存储器通常分为主存储器和辅助存储器两种。内存条如图 1-10 所示。

(1) 主存储器。

主存储器可以与 CPU 直接进行数据交换,用于存放当前 CPU 要用的数据和程序,存取速度快、价格高、存储容量较小。主存储器可分为只读存储器(Read-Only Memory,ROM)和随机存取存储器(Random Access Memory,RAM)两种。

只读存储器(ROM)的特点:存储的信息只能读(取出)不能写(存入、修改或删除),其信息在制

图 1-10　内存条

作该存储器时就被写入,断电后信息不会丢失。ROM 一般用于存放固定不变的、控制计算机系统的程序和数据。

随机存取存储器(RAM)的特点:既可读,也可写,断电后信息丢失。RAM 用于临时存放程序和数据。

随着 CPU 主频的不断提高,运行速度不断加快,对主存储器的存取速度要求越来越高,然而主存储器的存取速度总是无法匹配 CPU 的运行速度,为了协调二者的速度差异,在这二者之间采用了高速缓冲存储器技术,高速缓冲存储器指在 CPU 与主存储器之间设置的一级或两级高速小容量存储器,固化在主板上。在计算机工作时,系统先将数据由辅助存储器读入 RAM 中,再由 RAM 读入高速缓冲存储器中,然后 CPU 直接从高速缓冲存储器中取数据进行操作,如图 1-11 所示。

(2) 辅助存储器。

辅助存储器一般用来存储需要长期保存的各种程序和数据。辅助存储器是通过适配器

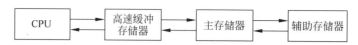

图 1-11　高速缓冲存储器与 CPU 和存储器的关系

或多功能卡与 CPU 连接的,它不能被 CPU 直接访问,必须先调入主存储器才能被 CPU 利用。与主存储器相比,辅助存储器的存储容量比较大,但存取速度比较慢,目前,微型计算机系统常用的辅助存储器有硬盘、U 盘和光盘等。

图 1-12　一块常见的机械硬盘

硬盘是计算机主要的存储媒介之一,由一个或者多个铝制或者玻璃制的碟片组成。碟片外覆盖有铁磁性材料。硬盘有机械硬盘(传统硬盘)、固态硬盘(新式硬盘)和混合硬盘(一块基于传统机械硬盘诞生出来的新硬盘)三种。机械硬盘采用磁性碟片来存储,固态硬盘采用闪存颗粒来存储,混合硬盘是把磁性碟片和闪存颗粒集成到一起的一种硬盘。绝大多数硬盘是机械硬盘,被永久性地密封固定在硬盘驱动器中。一块常见的机械硬盘如图 1-12 所示。

U 盘全称 USB 闪存盘(USB Flash Disk)。它是一种使用 USB 接口的无须物理驱动器的微型高容量移动存储产品。U 盘通过 USB 接口与计算机连接,可热插拔,实现即插即用。U 盘的称呼来源于深圳市朗科科技股份有限公司生产的一种新型存储设备,名为"优盘",使用 USB 接口进行连接。U 盘连接到计算机的 USB 接口后,U 盘的资料可与计算机进行交换。

光盘以光信息作为存储物的载体,是用来存储数据的一种产品,分为不可擦写光盘(如 CD-ROM、DVD-ROM 等)和可擦写光盘(如 CD-RW、DVD-RAM 等)。光盘是利用激光原理进行读、写的设备,是迅速发展的一种辅助存储器,可以存放各种文字、声音、图形、图像和动画等多媒体数字信息。

3. 输入输出设备

输入设备是将外界的各种信息,如程序、数据和命令等,送到计算机内部的设备。常用的输入设备有键盘、鼠标和扫描仪等。输出设备是将计算机处理后的信息以人们能够识别的形式,如文字、图形、数值和声音等,进行显示和输出的设备。常用的输出设备有显示器、打印机和绘图仪等。常见的输入输出设备如图 1-13 所示。

4. 主板和总线

主机由中央处理器和主存储器、数据总线等组成,用来执行程序和处理数据。主机芯片都安装在一块电路板上,这块电路板称为主板。为了与外部设备连接,在主板上还安装了若干个接口插槽,可以在这些插槽上插入与不同外部设备连接的接口卡。主板是微型计算机系统的主体和控制中心,它几乎集合了系统的全部功能,控制着各部分之间的指令流和数据流。主板的主要部件如图 1-14 所示。

为了实现中央处理器、存储器和输入输出设备之间的数据连接,微型计算机系统采用了总线结构,主板上包含总线和接口两部分,具体内容如下。

图 1-13 常见的输入输出设备

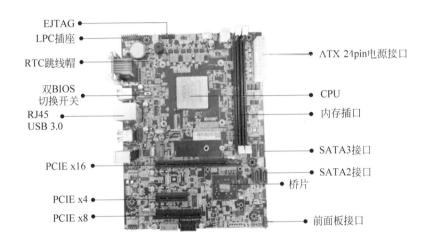

图 1-14 主板主要部件

(1) 总线。

计算机中传输信息的公共通路称为总线(BUS),总线可以分为地址总线(AB)、数据总线(DB)和控制总线(CB)三种。

地址总线是 CPU 向主存储器和输入输出接口传送地址的通路。地址总线的根数反映了微型计算机的直接寻址能力,决定了微处理器的存储空间的大小,比如有 32 根地址总线,那么最多能访问 4GB(2^{32}B)的内容空间。数据总线是 CPU 向主存储器和输入输出接口传送数据的通路。一次能够在总线上同时传输的信息的二进制位数被称为总线宽度。不同位数的计算机一次传送的数据长度是不一样的,32 位 CPU 就是由 32 根线传递数据,64 位 CPU 就是由 64 根线传递数据,线数越多 CPU 功能越强大。控制总线是 CPU 向主存储器和输入输出接口发送命令信号的通路,同时也是主存储器或输入输出接口向 CPU 回送状态信息的通路。常见计算机的总线结构如图 1-15 所示。

(2) 接口。

现在的微型计算机上都配备了串行接口与并行接口。计算机一般有两个串行接口 COM 1 和 COM 2。与并行接口相比,串行接口的数据和控制信息是一位接一位地传送出去的。虽然这样速度会慢一些,但传送距离比并行接口长。因此,若要进行较长距离的通信时,计算机应使用串行接口。USB是"Universal Serial Bus"的英文缩写,中文名称为通用串行总线。USB接口是近几年逐步在计算机领域广为应用的串行接口技术。USB接口具有传输速度快、支持热插拔及连接多个设备的特点,已经在各类外部设备中被广泛地采用。

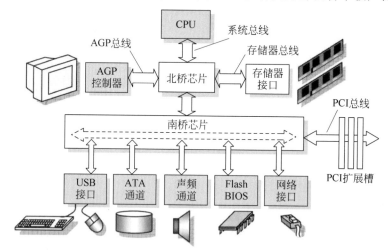

图1-15 常见计算机的总线结构

1.2.2 软件系统

计算机软件系统分为系统软件和应用软件两大类。

1. 系统软件

系统软件包括操作系统、计算机语言、语言处理系统等。
(1)操作系统。

操作系统是管理计算机硬件与软件资源的计算机程序。操作系统需要处理管理与配置内存、决定系统资源供需的优先次序、控制输入输出设备、操作网络与管理文件系统等基本事务。操作系统提供一个让用户与系统交互的操作界面。在计算机中,操作系统是其最基本的也是最为重要的系统软件,是控制和管理计算机硬件和软件资源、合理地组织计算机工作流程、方便用户使用的程序集合。从计算机用户的角度来说,操作系统主要是为其提供各项服务的;从程序员的角度来说,操作系统主要是指用户登录的界面或者接口;从设计人员的角度来说,操作系统就是指各式各样的模块和单元之间的联系。

计算机的操作系统根据不同的用途分为不同的种类。按功能分类,操作系统分为实时操作系统、分时操作系统、批处理操作系统、网络操作系统等。

实时操作系统主要是指系统可以快速地对外部命令进行响应,在对应的时间里处理问题、协调系统工作。

分时操作系统可以实现用户的人机交互需要,多个用户共同使用一台主机,很大程度上节约了资源成本。分时操作系统具有多路性、独立性、交互性和可靠性的优点,能够实现用户—系统—终端任务。

批处理操作系统出现于20世纪60年代,批处理操作系统能够提高资源的利用率和系统的吞吐量。

网络操作系统是一种能代替单机操作系统的软件程序,由服务器及客户端构成,通过网络互相传递各种数据与信息,协同合作完成相关计算任务。服务器的主要功能是管理服务器和网络上的各种资源和网络设备的共用,加以统计并控管流量,避免有瘫痪的可能性;而客户端的主要功能是能接收服务器所传递的数据,以便让客户端准确地搜索所需的资源。

(2) 计算机语言。

程序设计语言是指用于编写计算机程序的计算机语言。计算机语言分为机器语言、汇编语言和高级语言三种。

机器语言是用二进制代码(由0和1组成的计算机可识别的代码)来表示各种操作的计算机语言。用机器语言编写的程序称为机器语言程序。机器语言的优点是它不需要翻译,可以被计算机直接理解并执行,执行速度快,效率高;缺点是这种语言不直观,难以记忆,编写程序烦琐而且机器语言因机器而异,通用性差。

汇编语言是一种用符号指令来表示各种操作的计算机语言。汇编语言的指令比机器语言的指令简短,意义明确,使人容易读写和记忆,大大方便了人们的使用。汇编语言编写的源程序,不能被计算机直接识别执行,必须翻译(编译)为机器语言程序(目标程序)才能被计算机执行。将汇编语言源程序翻译为机器语言目标程序的过程称为汇编。汇编是由专门的汇编程序(编译系统)完成的。机器语言和汇编语言均是面向机器(依赖于具体的机器)的语言,统称为低级语言。

高级语言是一种接近自然语言和数学语言的程序设计语言。用高级语言编写的程序可以移植到各种类型的计算机上运行(有时要进行少量修改)。高级语言的优点是其命令接近人们的习惯,高级语言比汇编语言更直观,更容易编写、修改和阅读,使用更方便。目前常用的高级语言有 C、C++、Java、Python 等。

(3) 语言处理系统。

用汇编语言和高级语言编写的程序(源程序),计算机并不认识,更不能直接执行,而必须由语言处理系统将它翻译成计算机可以理解的机器语言程序(目标程序),然后再让计算机执行目标程序。语言处理系统一般可分为三类:汇编程序、解释程序和编译程序。

汇编程序是将由汇编语言编写的源程序翻译成机器语言程序。汇编语言是为特定的计算机和计算机系统设计的面向机器的语言,其加工对象是用汇编语言编写的源程序。

解释程序是将用交互会话式语言编写的源程序翻译成机器语言程序。解释程序的主要工作是每当遇到源程序的一条语句,就将它翻译成机器语言并逐句逐行执行,非常适用于人机会话。

编译程序是将高级语言编写的源程序翻译成目标程序的程序。其中,目标程序可以是机器语言程序,也可以是汇编语言程序。如果是前者,那么源程序的执行需要两步,先编译后运行;如果是后者,那么源程序的执行就需要三步,先编译,再汇编,最后运行。由此可见,解释程序不产生目标程序,直接得到运行结果,而编译程序则产生目标程序。一般情况下,解释程序运行时间长,占用内存少,而编译程序则正好相反。大多数高级语言都是采用编译的方法执行。

2. 应用软件

应用软件是为满足用户在不同领域、不同问题的应用需求而提供的软件。它可以拓宽计算机系统的应用领域，放大硬件的功能。应用软件种类繁多，如账务管理软件、压缩软件、办公自动化软件、图像处理软件、教学辅助软件等。

1.3 计算机的工作原理

1.3.1 指令和程序

计算机之所以能脱离人的直接干预，自动地进行计算，是因为人把实现整个计算的一步步操作用命令的形式（一条条指令）预先输入到存储器中，在执行时，机器把这些指令一条条地取出来，加以分析和执行。通常，一条指令对应着一种基本操作。一个计算机能执行什么样的指令，有多少条指令，这是由设计人员在设计计算机时决定的。计算机所能直接执行的全部指令，就是计算机的指令系统。

用二进制编码表示的指令叫机器指令，它通常包括操作码和操作数两大部分。操作码表示计算机执行什么操作；操作数指参加操作的数的本身或操作数所在的地址。因为计算机只认识二进制数，所以计算机指令系统中的所有指令都必须以二进制编码的形式表示。

程序即解题步骤，计算机的解题步骤必须用计算机能识别的语言来描述，因此程序是指令的集合，用指令描述的解题步骤就叫程序。

1.3.2 工作原理

计算机的基本工作原理即存储程序原理，它是由冯·诺依曼于1946年提出的。他将计算机工作原理描述为：将编好的程序和原始数据，输入并存储在计算机的主存储器中（存储程序）；计算机按照程序逐条取出指令加以分析，并执行指令规定的操作（程序控制）。这一原理是现代计算机的基本工作原理，至今计算机仍采用这一原理。计算机的工作原理如图1-16所示。

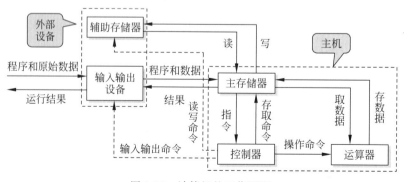

图1-16 计算机的工作原理

计算机的存储程序和程序控制原理被称为冯·诺依曼原理，按照上述原理设计制造的计算机称为冯·诺依曼型计算机。

概括起来,冯·诺依曼计算机体系结构有 3 条重要的设计思想。

(1) 计算机应由运算器、控制器、存储器、输入设备和输出设备五大部分组成,每部分有一定的功能。

(2) 以二进制的形式表示数据和指令,二进制是计算机的基本语言。

(3) 程序预先存入存储器,使计算机在工作中能自动地从存储器中取出程序指令并加以执行。

1.4 计算机进制

1.4.1 数制

信息在现实世界中无处不在,它们的表现形式也是多种多样,如数字、字母、图表、音频和视频等。计算机的主要功能是处理信息,在计算机内部所有信息都是用二进制编码表示的,各种信息必须经过数字化编码才能被传送、存储和处理。

人们在日常生活和生产实践中,创造了多种表示数的方法。用一组固定数字和一套统一规则来表示数据的方法称为数制。在日常生活中,我们已经习惯使用的进位计数制有多种,如十进制、七进制(一周有七天)、十二进制(一年有十二个月)、六十进制(一小时是六十分钟)等。在计算机内部,数据都是以二进制的形式存储和运算的。数据的表示常用到以下几个概念。

1. 位

二进制数据中的一个位(bit)音译为比特,是计算机存储数据的最小单位。一个二进制位只能表示 0 或 1 两种状态,要表示更多的信息,就要把多个位组合成一个整体。

2. 字节

字节是计算机数据处理的基本单位。计算机主要以字节为单位解释信息。字节(Byte)简记为 B,规定 1 字节为 8 位,即 1B=8bit。每字节由 8 个二进制位组成。一般情况下,一个 ASCII 码占用 1 字节,一个汉字国际码占用 2 字节。字节各数量级间的换算关系如下:

1kB=1024B,1MB=1024KB,1GB=1024MB,1TB=1024GB,1PB=1024TB

3. 字

一个字通常由一个或若干个字节组成。字(Word)是计算机进行数据处理时,一次存取、加工和传送的数据长度。字长是计算机一次所能处理信息的实际位数,因此,它决定了计算机数据处理的速度,是衡量计算机性能的一个重要指标。字长越长,性能越好。

1.4.2 四种进位记数制

进位计数制是指按指定进位方式计数的数制,表示数值大小的数码与它在数中所处的位置有关,简称进制。人们习惯使用十进制,但由于技术的原因,计算机内部采用二进制描述数据与信息。

1. 十进制（Decimal System）

十进制的特点如下。

（1）有 10 个数码：0、1、2、3、4、5、6、7、8、9。

（2）运算规则：逢十进一，借一当十。

（3）进位基数是 10。

设任意一个具有 n 位整数、m 位小数的十进制数 D，可表示为

$$D = D_{n-1} \times 10^{n-1} + D_{n-2} \times 10^{n-2} + \cdots + D_1 \times 10^1 + D_0 \times 10^0 + D_{-1} \times 10^{-1} + \cdots + D_{-m} \times 10^{-m}$$

该式称为"按权展开式"，权是以 10 为底的幂。

举例：将十进制数 $(528.65)_{10}$ 按权展开。

解：$(528.65)_{10} = 5 \times 10^2 + 2 \times 10^1 + 8 \times 10^0 + 6 \times 10^{-1} + 5 \times 10^{-2}$

2. 二进制（Binary System）

二进制的特点如下。

（1）有 2 个数码：0、1。

（2）运算规则：逢二进一，借一当二。

（3）进位基数是 2。

设任意一个具有 n 位整数、m 位小数的二进制数 B，可表示为

$$B = B_{n-1} \times 2^{n-1} + B_{n-2} \times 2^{n-2} + \cdots + B_1 \times 2^1 + B_0 \times 2^0 + B_{-1} \times 2^{-1} + \cdots + B_{-m} \times 2^{-m}$$

该式中的权是以 2 为底的幂。

举例：将 $(100101.10)_2$ 按权展开。

解：$(100101.10)_2 = 1 \times 2^5 + 0 \times 2^4 + 0 \times 2^3 + 1 \times 2^2 + 0 \times 2^1 + 1 \times 2^0 + 1 \times 2^{-1} + 0 \times 2^{-2}$

3. 八进制（Octal System）

八进制的特点如下。

（1）有 8 个数码：0、1、2、3、4、5、6、7。

（2）运算规则：逢八进一，借一当八。

（3）进位基数是 8。

设任意一个具有 n 位整数、m 位小数的八进制数 Q，可表示为

$$Q = Q_{n-1} \times 8^{n-1} + Q_{n-2} \times 8^{n-2} + \cdots + Q_1 \times 8^1 + Q_0 \times 8^0 + Q_{-1} \times 8^{-1} + \cdots + Q_{-m} \times 8^{-m}$$

该式中的权是以 8 为底的幂。

举例：将 $(155.4)_8$ 按权展开。

解：$(155.4)_8 = 1 \times 8^2 + 5 \times 8^1 + 5 \times 8^0 + 4 \times 8^{-1}$

4. 十六进制（Hexadecimal System）

十六进制的特点如下。

(1) 有 16 个数码：0、1、2、3、4、5、6、7、8、9、A、B、C、D、E、F。16 个数码中的 A、B、C、D、E、F 六个数码，分别代表十进制数中的 10、11、12、13、14、15。

(2) 运算规则：逢十六进一，借一当十六。

(3) 进位基数是 16。

设任意一个具有 n 位整数、m 位小数的十六进制数 H，可表示为

$$H = H_{n-1} \times 16^{n-1} + H_{n-2} \times 16^{n-2} + \cdots + H_1 \times 16^1 + H_0 \times 16^0 + H_{-1} \times 16^{-1} + \cdots + H_{-m} \times 16^{-m}$$

该式中的权是以 16 为底的幂。

举例：$(A6E.4)_{16}$ 按权展开。

解：$(A6E.4)_{16} = A \times 16^2 + 6 \times 16^1 + E \times 16^0 + 4 \times 16^{-1}$

十进制、二进制、八进制和十六进制数的转换关系，如表 1-1 所示。

表 1-1　各种进制数值对照表

十 进 制	二 进 制	八 进 制	十 六 进 制
0	0	0	0
1	1	1	1
2	10	2	2
3	11	3	3
4	100	4	4
5	101	5	5
6	110	6	6
7	111	7	7
8	1000	10	8
9	1001	11	9
10	1010	12	A
11	1011	13	B
12	1100	14	C
13	1101	15	D
14	1110	16	E
15	1111	17	F
16	10000	20	10
17	10001	21	11

在程序设计中，为了区分不同进制数，通常在数字后用一个英文字母为后缀以示区别。

① 十进制。数字后加 D 或不加，如 16D 或 16。

② 二进制。数字后加 B，如 10101B。

③ 八进制。数字后加 O，如 675O。

④ 十六进制。数字后加 H，如 A5EH。

1.4.3　不同进制之间的转换

1. R 进制转换成十进制

R 进制转换成十进制只需按权展开，然后累加即可。

【例1.1】 将二进制$(11010.01)_2$转换成等值的十进制。

解：$(11010.01)_2 = 1\times 2^4 + 1\times 2^3 + 0\times 2^2 + 1\times 2^1 + 0\times 2^0 + 0\times 2^{-1} + 1\times 2^{-2} = (26.25)_{10}$

【例1.2】 将八进制$(257.2)_8$转换成等值的十进制。

解：$(257.2)_8 = 2\times 8^2 + 5\times 8^1 + 7\times 8^0 + 2\times 8^{-1} = (175.25)_{10}$

【例1.3】 将16进制$(1AB.4)_{16}$转换成等值的十进制。

解：$(1AB.4)_{16} = 1\times 16^2 + A\times 16^1 + B\times 16^0 + 4\times 16^{-1} = 1\times 16^2 + 10\times 16^1 + 11\times 16^0 + 4\times 16^{-1} = (427.25)_{10}$

2. 十进制转换成R进制

十进制转换成二进制时，整数部分的转换与小数部分的转换是不同的。

（1）整数部分：除2取余，逆序排列。

将十进制数反复除以2，直到商是0为止，并将每次相除之后所得的余数按次序记下来，第一次相除所得余数是K_0，最后一次相除所得的余数是K_{n-1}，则$K_{n-1}K_{n-2}\cdots K_2 K_1 K_0$为转换所得的二进制数。

【例1.4】 将十进制数$(42)_{10}$转换成二进制数。

解：十进制数转换成二进制数的步骤如图1-17所示。

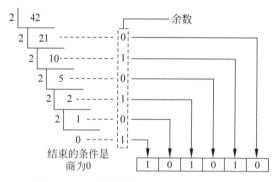

图1-17 十进制数转换成二进制数的步骤

$$(42)_{10} = (101010)_2$$

（2）小数部分：乘2取整，顺序排列。

将十进制数的纯小数反复乘以2，直到乘积的小数部分为0或小数点后的位数达到精度要求为止。第一次乘以2所得的结果是K_{-1}，最后一次乘以2所得的结果是K_{-m}，则所得二进制数为$0.K_{-1}K_{-2}\cdots K_{-m}$。

【例1.5】 将十进制数$(0.2541)_{10}$转换成二进制数(要求小数点后保留四位)。

解：如图1-18所示。

取整数部分
0.2541×2 = 0.5082　……　0 = (K_{-1})　　高
0.5082×2 = 1.0164　……　1 = (K_{-2})
0.0164×2 = 0.0328　……　0 = (K_{-3})
0.0328×2 = 0.0656　……　0 = (K_{-4})　　低

图1-18 十进制数转换成二进制数的步骤

$$(0.2541)_{10} = (0.0100)_2$$

举例：将十进制数 $(124.125)_{10}$ 转换成二进制数。

解：对于这种既有整数又有小数的十进制数，可以将其整数部分和小数部分分别转换为二进制数，然后再组合起来，就是所求的二进制数了。

$$(124)_{10} = (1111100)_2$$
$$(0.125)_{10} = (0.001)_2$$
$$(124.125)_{10} = (1111100.001)_2$$

同理，十进制数转换成八进制数、十六进制数时遵循类似的规则，即整数部分除基取余、逆序排列，小数部分乘基取整，顺序排列。

3. 二进制与八进制、十六进制之间的转换

同样数值的二进制数比十进制数占用更多的位数，书写长，容易混淆，为了方便读写，人们就采用八进制和十六进制表示数。由于 $2^3=8$，$2^4=16$，八进制与二进制的关系是一位八进制数对应三位二进制数，十六进制与二进制的关系是一位十六进制数对应四位二进制数。

【例 1.6】 将二进制整数 1110111100 转换为八进制整数。

解：将二进制整数转换为八进制整数时，每三位二进制数字转换为一位八进制数字，运算的顺序是从低位向高位依次进行，高位不足三位用零补齐，如图 1-19 所示。

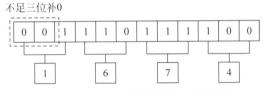

图 1-19　二进制整数转换为八进制整数

从图 1-19 中可以看出，二进制整数 1110111100 转换为八进制整数的结果为 1674。

【例 1.7】 将八进制整数 2743 转换为二进制整数。

解：将八进制整数转换为二进制整数时，思路是相反的，每一位八进制数字转换为三位二进制数字，运算的顺序也是从低位向高位依次进行，如图 1-20 所示。

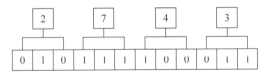

图 1-20　八进制整数转换为二进制整数

从图 1-20 中可以看出，八进制整数 2743 转换为二进制整数的结果为 10111100011。

【例 1.8】 将二进制整数 10110101011100 转换为十六进制整数。

解：将二进制整数转换为十六进制整数时，每四位二进制数字转换为一位十六进制数字，运算的顺序是从低位向高位依次进行，高位不足四位用零补齐，如图 1-21 所示。

从图 1-21 中可以看出，二进制整数 10110101011100 转换为十六进制整数的结果为 2D5C。

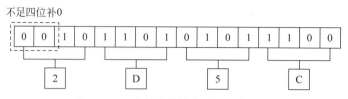

图 1-21 二进制整数转换十六进制整数

【例 1.9】 将十六进制整数 A5D6 转换为二进制整数。

解：将十六进制整数转换为二进制整数时，思路是相反的，每一位十六进制数字转换为四位二进制数字，运算的顺序也是从低位向高位依次进行，如图 1-22 所示。

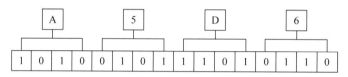

图 1-22 十六进制整数转换为二进制整数

从图 1-22 中可以看出，十六进制整数 A5D6 转换为二进制整数的结果为 1010010111010110。

1.4.4 二进制数及其运算法则

1. 采用二进制的优越性

二进制不符合人们的使用习惯，在日常生活中，不经常使用。然而，计算机内部的数据全部是用二进制表示的，其主要原因如下。

（1）电路简单：电子元器件有可靠稳定的两种对立状态，如电位的高电平与低电平、晶体管的导通与截止、开关的通与断等。这两种对立稳定的状态可以分别表示数字 0 和 1。

（2）可靠性强：用电子元器件的两种状态表示两个数码，数码在传输和运算中不易出错。

（3）简化运算：二进制的运算法则较简单。例如：二进制的求和法则只有 3 个，求积法则也只有 3 个；而使用十进制，加法和减法有几十条，线路设计相当困难。

（4）逻辑性强：计算机在数值运算的基础上还能进行逻辑运算。逻辑代数是逻辑运算的理论依据。二进制的两个数码，正好代表逻辑代数中的"真"和"假"。

2. 二进制加法运算法则

$$0+0=0$$
$$0+1=1$$
$$1+0=1$$
$$1+1=0（逢2向高位进1）$$

【例 1.10】 用二进制加法计算 $(1101)_2+(1011)_2$。

解：用二进制加法计算的过程如图 1-23 所示。

$(1101)_2+(1011)_2=(11000)_2$。

```
  1101
 +1011
 -----
 11000
```

图 1-23 二进制加法的计算过程

3．二进制减法运算法则

$$0-0=0$$
$$1-0=1$$
$$1-1=0$$
$$0-1=1(借1当2)$$

【例 1.11】 用二进制减法计算 $(10110.01)_2 - (1100.10)_2$ 的值。

解：用二进制减法计算的过程如图 1-24 所示。
$(10110.01)_2 - (1100.10)_2 = (1001.11)_2$。

```
  10110.01
-  1100.10
----------
   1001.11
```

图 1-24 二进制减法的计算过程

4．二进制乘法运算法则

$$0*0=0$$
$$0*1=0$$
$$1*0=0$$
$$1*1=1$$

【例 1.12】 用二进制乘法计算 $(110010)_2 \times (1011)_2$ 的值。

解：用二进制乘法计算的过程如图 1-25 所示。
$(110010)_2 \times (1011)_2 = (1000100110)_2$。

```
       110010
    ×    1011
       110010
      110010
   + 110010
   1000100110
```

图 1-25 二进制乘法的计算过程

5．二进制除法运算法则

（除法即乘法的逆运算，减法的累计运算。）

$$0/0 \text{ 无效}$$
$$1/0 \text{ 无效}$$
$$0/1=0$$
$$1/1=1$$

【例 1.13】 用二进制除法计算 $(10111010)_2 \div (110)_2$ 的值。

解：用二进制除法计算的过程如图 1-26 所示。
$(10111010)_2 \div (110)_2 = (11111)_2$。

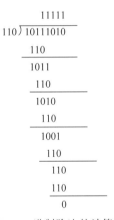

图 1-26 二进制除法的计算过程

1.5 计算机数值表示法

1.5.1 机器数与真值

1．机器数

一个数在计算机中的二进制表示形式，叫作这个数的机器数。机器数是带符号的，在计算机中用一个数的最高位存放符号,正数为0,负数为1。

例如:计算机的字长为8位,将十进制数+5转换成二进制数就是00000101,而将十进制数-3转换成二制数就是10000101,这里的00000101和10000101就是机器数。

2. 真值

因为第一位是符号位,所以机器数的形式值就不等于真正的数值。例如:上述的有符号数10000011,其最高位1代表负号,其真正数值是-3而不是形式值131(10000011转换成十进制数等于131)。因此,为区别起见,将带符号位的机器数对应的真正数值称为机器数的真值。例如:00000001的真值为+0000001=+1,10000001的真值为-0000001=-1

1.5.2 数值编码的基础概念和计算方法

对于一个数,计算机要使用一定的编码方式进行存储。原码、反码和补码是计算机存储一个具体数字的编码方式。

1. 原码

原码就是符号位加上真值的绝对值,即用第一位表示符号,其余位表示值。例如:用8位二进制表示一个数,则

$$[+1]_原 = 00000001$$
$$[-1]_原 = 10000001$$

因为第一位是符号位,所以8位二进制数的取值范围就是[11111111,01111111],即[-127,127]。原码是人脑最容易理解和计算的表示方式。

2. 反码

反码的表示方法:正数的反码是其本身;负数的反码是在其原码的基础上,符号位不变,其余各位取反。

$$[+1]_原 = 00000001, \quad [+1]_反 = 00000001$$
$$[-1]_原 = 10000001, \quad [-1]_反 = 11111110$$

可见,如果一个反码表示的是负数,人脑无法直观地看出它的数值,通常要将其转换成原码再计算。

3. 补码

补码的表示方法:正数的补码是其本身;负数的补码是在其原码的基础上,符号位不变,其余各位取反,再加1(负数的补码就在反码的基础上加1)。

$$[+1]_原 = 00000001, \quad [+1]_反 = 00000001, \quad [+1]_补 = 00000001$$
$$[-1]_原 = 10000001, \quad [-1]_反 = 11111110, \quad [-1]_补 = 11111111$$

对于负数,补码的表示方式也是人脑无法直观看出其数值的,通常也需要转换成原码再计算其数值。

1.5.3 为何要使用原码、反码和补码

现在我们知道了计算机可以用三种编码方式表示一个数。对于正数，三种编码方式的结果都相同，所以不需要过多解释。但是对于负数，原码、反码和补码的表示方式是完全不同的。既然原码才是被人脑直接识别并用于计算的表示方式，为何还要使用反码和补码？

人脑可以知道第一位是符号位，在计算的时候，我们会根据符号位，选择对真值区域进行加减乘除运算。但是对于计算机，加减乘数已经是最基础的运算，要设计得尽量简单。计算机辨别符号位显然会让计算机的基础电路设计变得十分复杂。于是，人们想出了将符号位也参与运算的方法。我们知道，根据运算法则减去一个正数等于加上一个负数，即 $1-1=1+(-1)=0$，所以机器可以只有加法而没有减法，这样计算机基础电路的设计就变简单了。

于是，人们开始探索将符号位参与运算，并且只保留加法的方法。用原码表示减法运算，例如：

$$1-1=1+(-1)=[1]_{原}+[-1]_{原}=00000001+10000001=10000010=-2\neq 0$$

显然对于减法来说，用原码表示，让符号位参与计算，其计算结果是不正确的。这也就是计算机内部不使用原码表示一个数的原因。

为了解决用原码做减法的问题，出现了反码。用反码表示减法运算，例如：

$$1-1=1+(-1)=[1]_{反}+[-1]_{反}$$
$$=00000001+11111110=11111111=-0$$

可见用反码计算减法，其结果的真值部分是正确的，而唯一的问题就出现在"0"这个特殊的数值上。虽然人们理解上 $+0$ 和 -0 是一样的，但是 0 带符号是没有任何意义的。这会使 00000000 和 10000000 两个编码均表示 0。

于是，补码的出现解决了 0 的符号及两个编码表示 0 的问题。用补码表示减法运算，例如：

$$1-1=1+(-1)=[1]_{补}+[-1]_{补}$$
$$=00000001+11111111=1\,0000\,0000=00000000=0$$

（注：1 0000 0000，在 8 位 CPU 中超出位自动截断。）

这样 0 用 00000000 表示，而以前出现问题的 -0 就不存在了，而且可以用 10000000 表示 -128，即补码表示如下：

$$-128=(-1)+(-127)=11111111+10000001=1000\,0000$$

（注：1 0000 0000，在 8 位 CPU 中超出位自动截断。）

在用补码运算的结果中，1000 0000 就是 -128。但实际上是使用上述的 -0 的补码来表示 -128，所以 -128 并没有原码和反码表示（用 -128 的补码表示 10000000 算出来的原码是 00000000，这是不正确的）。

使用补码，不仅仅解决了 0 的符号及两个编码表示 0 的问题，而且还能够多表示一个最小值。这就是为什么 8 位二进制，使用原码或反码表示的范围为 $[-127,+127]$，而使用补码表示的范围为 $[-128,127]$。因为计算机使用补码，所以对于编程中常用到的 32 位 int 类型，可以表示的范围为 $[-2^{31},2^{31}-1]$。第一位表示的是符号位，在使用补码表示时可以多表示一个最小值。

1.6 计算机中常用的信息编码

在计算机中所有信息都是由 0 和 1 两个基本符号组成的，计算机不能直接处理英文字母、汉字、图形、声音等信息，需要对这些信息进行编码后才能传送、存储和处理。编码过程就是将信息在计算机中转化为二进制代码串的过程。

1.6.1 字符编码定义

由于文字中存在着大量的重复字符，而计算机天生就是用来处理数字的，为了减少需要保存的信息量，我们可以使用一个数字编码来表示一个字符，通过规定每一个字符对应唯一的数字编码，然后，对每一个数字编码建立其相对应的图形。这样，在每一个文件中，我们只需要保存每一个字符的数字编码，就相当于保存了文字，在需要显示出来的时候，先取出保存起来的数字编码，然后通过编码表查到字符对应的图形，将这个图形显示出来，就可以看到文字了。这些用来规定每一个字符所使用的数字编码的表格，就称为编码表。编码就是对我们日常使用字符的一种数字编号。

1.6.2 第一张编码表 ASCII

美国制定了第一张编码表——美国信息交换标准代码（American Standard Code for Information Interchange，ASCII）。它总共规定了 128 个符号所对应的数字编码，使用了 7 位二进制来表示这些符号，其中包含了英文的大小写字母、数字、标点符号等常用的字符，数字编码从 0 至 127。ASCII 的表示内容如下。

0～31：控制字符

32：空格

33～47：符号

48～57：数字

58～64：符号

65～90：大写字母

91～96：符号

97～122：小写字母

123～123：符号

127：控制字符

需要注意的是，32 表示空格，33～126 共 94 个数字编码用来表示符号、数字和英文的大小写字母。例如：数字 1 对应的数字编码为 49，大写字母 A 对应的编码为 65，小写字母 a 对应的数字编码为 97。因此，我们所写的代码 hello world 保存在文件中时，实际上是保存了一组数字。我们在程序中比较英文字符串的大小时，实际上也是比较字符对应的 ASCII 的编码大小。由于 ASCII 出现最早，因此各种编码实际上都受到了它的影响，并尽量与其相兼容。

1.6.3 扩展 ASCII 编码 ISO 8859

美国顺利解决了字符的问题,可是欧洲部分国家还没有解决,如法语中有许多英语中没有的字符,因此 ASCII 不能帮助欧洲部分国家解决编码问题。为了解决这个问题,人们借鉴 ASCII 的设计思想,创造了许多使用 8 位二进制数来表示字符的扩充字符集,这样就可以使用 256 种数字编码表示更多的字符了。在这些字符集中,0~127 的数字编码与 ASCII 兼容,128~255 的数字编码用于其他的字符和符号。由于有很多种语言,它们有着各自不同的字符,于是人们为不同的语言制定了大量不同的编码表,在这些编码表中,128~255 的数字编码表示各自不同的字符。其中,国际标准化组织(International Organization for Standardization,ISO)制定的 ISO 8859 得到了广泛应用。

在 ISO 8859 的编码表中,0~127 的数字编码与 ASCII 兼容,128~159 共 32 个数字编码保留给扩充定义的 32 个扩充控制字符,160 为空格,161~255 共 95 个数字编码用于新增加的字符。编码的布局与 ASCII 的设计思想基本一致。由于在一张编码表中只能增加 95 种字符的数字编码,ISO 8859 实际上不是一张编码表,而是一系列标准,包括 16 个字符集。例如:欧洲西部地区的常用字符就包含在 ISO 8859-1 字符集中,在 ISO 8859-7 中则包含了 ASCII 和希腊字符。

ISO 8859 解决了大量的字符编码问题,但也带来了新的问题。例如:没有办法在一篇文章中同时使用 ISO 8859-1 和 ISO 8859-7,也就是说,在同一篇文章中不能同时出现希腊文和法文,因为它们的编码范围是重合的。在 ISO 8859-1 中 217 表示字符 Ù,而在 ISO 8859-7 中则表示希腊字符 Ω,这样一篇使用 ISO 8859-1 保存的文件,在使用 ISO 8859-7 编码的计算机上打开时,将看到错误的内容。为了同时处理一种以上的文字,出现了一些同时包含原来不属于同一张编码表的字符的新编码表。

1.6.4 中文字符编码

欧洲的拼音文字可以用 1 字节(1 字节由 8 个二进制的位组成)来保存,用 1 字节表示无符号的整数,范围正好是 0~255。但是,在中国、朝鲜和日本等国家的文字中包含大量的符号。例如:中国的文字不是拼音文字,汉字的个数有数万之多,远远超过 256 个字符,因此 ISO 8859 实际上不能处理中文字符。

通过借鉴 ISO 8859 的编码思想,中国的专家灵巧地解决了中文的编码问题。既然 1 字节的 256 种字符不能表示中文,那么我们就使用 2 字节来表示一个中文字符,在每个字符的 256 种可能中,为了与 ASCII 兼容,不使用低于 128 的编码。借鉴 ISO 8859 的设计思想,只使用从 160 以后的 96 个数字编码,2 字节分成高位和低位,高位的取值范围 176~247 共 72 个数字编码,低位的取值范围 161~254 共 94 个数字编码,这样 2 字节就有 72×94=6768 种可能,也就是可以表示 6768 种汉字,这个标准就是 GB/T 2312—1980。

1. 汉字编码分类

汉字在不同的处理阶段有不同的编码。

(1) 汉字的输入:输入码。

(2) 汉字的机内表示：国标码、机内码。
(3) 汉字的输出：字形码。
各种编码之间的关系如图 1-27 所示。

图 1-27　各种编码之间的关系

2．输入码

输入码大致分为数字码、字音码、字形码和音形码四大类。

(1) 数字码(或流水码)。如电报码、区位码、纵横码。优点：无重码，不仅能对汉字编码，还能对各种字母、数字符号进行编码。缺点：是人为规定的编码，属于无理码，只能作为专业人员使用。

(2) 字音码。如全拼、双拼、微软拼音。优点：简单易学。缺点：汉字同音多，所以重码很多，输入汉字时要选字。

(3) 字形码。如五笔字型、表形码、大众码、四角码。优点：不考虑字的读音，见字识码，一般重码率较低，经强化训练后可实现盲打。缺点：拆字法没有统一的国家标准，拆字难，编码规则烦琐，记忆量大。

(4) 音形码。如声形码、自然码、钱码。优点：既具有字音码的易学性，又具有字形码可有效减少重码的特点。缺点：既要考虑字音，又要考虑字形，比较麻烦。

3．机内码

计算机在信息处理时表示汉字的编码，称为机内码。现在我国采用变形的国标码(GB/T 2312—1980)作为机内码。GB/T 2312—1980 规定如下。

(1) 一个汉字由 2 字节组成，为了与 ASCII 码区别，最高位均为"1"。

(2) 汉字有 6763 个：一级汉字 3755 个，按汉字拼音字母顺序排列；二级汉字 3008 个，按部首笔画汉字排列。

(3) 汉字分区：整个字符集分为 94 行(区)、94 列(位)。每个区位上只有一个字符，因此可用所在的区和位对汉字进行编码，称为区位码。

4．字形码

字形码常用的两种表示方式是点阵字形和矢量字形。

(1) 点阵字形：点阵字形是将一个汉字分成 16×16、24×24 或 48×48 个点。每一个点在存储器中用一个二进制位(bit)存储，所以一个 16×16 点阵汉字需要 32(16×16÷8＝32)字节存储空间。

(2) 矢量字形。字笔画的轮廓用一组直线和曲线勾画。记录的是这些几何形状之间的关系，精度高。Windows 中的 TrueType 字库采用此方法。

5．区位码、国标码与机内码的转换关系

(1) 区位码先转换成十六进制数表示。

(2) 国标码等于区位码的十六进制表示加上 2020H。

(3) 机内码等于国标码加上 8080H，或机内码等于区位码的十六进制表示加上 A0A0H。

6763 个汉字显然不能表示全部的汉字，但是这个标准是在 1980 年制定的，那时候，计算机的处理能力、存储能力还很有限。因此，在制定这个标准的时候，实际上只包含了常用的汉字。这些汉字是通过日常生活中的报纸、电视和电影等使用的汉字进行统计得出的，大概占常用汉字的 99%。因此，我们时常会碰到一些名字中的生僻汉字无法输入到计算机中的问题，这就是这些生僻汉字不在 GB/T 2312—1980 的常用汉字之中的缘故。

GB/T 2312—1980 规定的字符编码实际上与 ISO 8859 是冲突的，所以，当我们在中文环境下看一些英文的文章或使用一些英文的软件的时候，时常会发现许多古怪的汉字出现在屏幕上，这实际上就是英文中使用了与汉字编码冲突的字符，被我们的系统生硬地翻译成中文造成的。

不过，GB/T 2312—1980 统一了中文字符编码的使用，我们现在所使用的各种电子产品实际上都是基于 GB/T 2312—1980 来处理中文的。

GB/T 2312—1980 仅收录了 6763 个汉字，远远少于实际的汉字数目。随着时间的推移及汉字文化的不断延伸推广，有些原来很少用的字，现在变成了常用字，例如："镕"字未收入 GB/T 2312—1980，只能使用（金+容）、（金容）、（左金右容）等来表示，形式不同，这使表示、存储、输入、处理都非常不方便，而且这种表示没有统一标准。

为了解决这些问题，全国信息技术标准化技术委员会于 1995 年 12 月 1 日制定了《汉字内码扩展规范》（GBK）。GBK 向下与 GB/T 2312—1980 完全兼容，向上支持 ISO/IEC 10646，在 GB/T 2312—1980 向 ISO/IEC 10646 过渡的过程中起到承上启下的作用。GBK 也采用双字节表示，总体编码范围为 8140～FEFE，高字节在 81～FE，低字节在 40～FE，不包括 7F。GBK 1.0 中共收录了 21 886 个符号，其中汉字有 21 003 个。GBK 1.0 中的符号包括以下几种。

(1) GB/T 2312—1980 中的全部汉字和非汉字符号。

(2) Big5 中的全部汉字。

(3) 与 ISO/IEC 10646 相应的国家标准 GB 13000.1—1993（现已废止）中的其他 CJK 汉字，以上合计 20902 个汉字。

(4) 其他汉字、部首和符号有 984 个。

1.6.5 Unicode 编码

20 世纪 80 年代后期，互联网出现了，地球村上的人们可以直接访问远在天边的服务器，电子文件在全世界传播。在一切都在数字化的今天，文件中的数字到底代表什么？这可真是一个好问题。实际上问题的根源在于，我们有太多的编码表。如果整个地球村都使用一张统一的编码表，那么每一个编码就会有一个确定的含义，就不会有乱码的问题出现了。

实际上，在 20 世纪 80 年代，统一码联盟制定了一个能够覆盖几乎任何语言的编码表——统一码(Unicode)。Unicode 4.0.1 中包含了 49194 个字符，之后 Unicode 中又增加了更多的字符。

要表示的字符非常多，所以一开始的 Unicode 1.0 就使用连续的 2 字节进行编码，如汉字

"汉"的 UCS 编码是 6C49。这样在统一码的编码中就可以表示 256×256＝65536 种符号了。

用 2 字节来保存编码的统一码的编码方式,被称为 UCS-2,也被称为 ISO 10646。在这种编码中,每一个字符使用 2 字节来表示。例如:汉字"中"使用 11598 来编码;而大写字母 A 仍然使用 65 表示,但它占用了 2 字节,高位用 0 补齐。

每 2 字节表示一个字符,对于不同的计算机,实际上对这 2 字节有两种不同的处理方式,即高字节在前,或者低字节在前。为了在 UCS-2 编码的文档中能够区分到底是高字节在前,还是低字节在前,使用一组不可能在 UCS-2 中出现的组合来进行区分。通常情况下,低字节在前,高字节在后。通过在文档的开头增加 FFFE 来进行表示,高字节在前,低字节在后,称为大端(Big-Endian)。这样,程序可以通过文档的前 2 字节,立即判断出该文档是否是高字节在前。

UCS-2 虽然理论上可以统一编码,但仍然面临着现实的困难。

第一,UCS-2 不能与现有的所有编码兼容,现有的文档和软件必须根据统一码进行转换才能使用。即使是英文也面临着单字节到双字节的转换问题。

第二,许多国家和地区已经以法律的形式规定了其所使用的编码,更换为一种新的编码不现实,如在中国内地,规定 GB/T 2312—1980 是软件和硬件编码的基础。

第三,现在还有大量使用中的软件和硬件是基于单字节的编码设计的,UCS-2 双字节表示的字符不能可靠地在其上工作。

为了尽可能与现有的软件和硬件相适应,美国制定了一系列用于传输和保存统一码的编码标准,这些编码称为统一码传输格式(Unicode Transformation Format,UTF),也就是将统一码的编码通过一定的转换来达到使用的目的。常见的有 UTF-7、UTF-8 和 UTF-16 等。

其中,UTF-8 得到了广泛的应用,UTF-8 是统一码编码的 8 位传输格式,就是使用单字节的方式对统一码进行编码,使统一码能够在单字节的设备上正常进行处理。

1.7 键盘的认识和文字录入练习

1.7.1 认识键盘

常见的键盘有 101 键和 104 键等。为了方便记忆,按照功能的不同,把键盘划分成主键盘区、功能键区、控制键区、数字键区和状态指示区五个区域,如图 1-28 所示。

图 1-28 键盘分区

1. 主键盘区

键盘中最常用的区域是主键盘区。主键盘区中的键分为三类,即字母键、数字(符号)键和功能键。

(1) 字母键:A~Z 共 26 个字母键,每个键表示大小写两种字母。

(2) 数字(符号)键:数字(符号)键共有 21 个键,包括数字、运算符号、标点符号和其他符号。每个键面上都有上下两种符号,也称为双字符键,可以显示符号和数字。上面的符号称为上档符号,下面的符号称为下档符号。

(3) 功能键:功能键共有 14 个,分布如图 1-29 所示。在这 14 个键中,Alt 键、Shift 键、Ctrl 键、Windows 键各有两个,对称分布在左右两边,功能完全一样,只是为了操作方便。

- Caps Lock(大写锁定键)位于主键盘区最左边的第三排,每按一次大写锁定键,英文大小字母的状态就改变一次。大写锁定键还有一个指示灯,指示灯亮了就是大写字母状态,否则为小写字母状态。
- Shift(上档键)位于主键盘区的第四排,左右各有一个,用于键入双字符键中的上档符号。上档键还对英义字母起作用,当键盘处于小写字母状态时,按住 Shift 键再按字母键,可以输出大写字母;反之,则输出小写字母。
- Ctrl(控制键)一共有两个,位于主键盘区左下角和右下角。该键不能单独使用,需要和其他键组合使用,能完成一些特定的控制功能。操作时,按住 Ctrl 键不放,再按下其他键,在不同的系统和软件中完成的功能各不相同。
- Alt(交替换档键)一共有两个,位于空格键的两侧。该键也是不能单独使用,需要和其他的键组合使用,可以完成一些特殊功能,在不同的工作环境下,交替换档键转换的状态也不同。

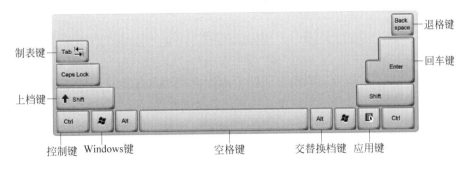

图 1-29 功能键

2. 功能键区

功能键区位于键盘的最上方,包括 Esc 键和 F1~F12 键。这些按键用于完成一些特定的功能。Esc 键叫作取消键,在很多软件中它被定义为退出键,一般用作脱离当前操作或退出当前运行的软件。F1~F12 是功能键,通常利用这些键来充当软件中的功能热键,如用 F1 键寻求帮助。Print Screen(屏幕硬复制键)主要用于将当前屏幕的内容复制到剪切板。Scroll Lock(滚动锁定键)目前已经很少用到了。Pause Break(中断暂停键)能使计算机正在执行的命令或应用程序暂时停止工作,直到按下键盘上任意一个键才继续工作。

图 1-30 控制键

3．控制键区

控制键区共有 10 个键，位于主键盘区的右侧，包括所有对光标进行操作的按键，以及一些页面操作功能。在进行文字处理时，这些按键用于控制光标的位置，如图 1-30 所示。

4．数字键区

数字键区位于键盘的右侧，又称为小键盘区，主要是为了输入数据方便，一共有 17 个键，其中大部分为双字符键。数字键区主要包括 0～9 的数字键和常用的加减乘除运算符号键，这些按键主要用于输入数字和运算符号。

5．状态指示区

状态指示区位于数字键区的上方，包括 3 个状态指示灯，用于提示键盘的工作状态。

1.7.2 使用键盘

1．正确的打字姿势

（1）头正、颈直、身体挺直、双脚平踏在地。
（2）身体正对屏幕，调整屏幕，使眼睛舒适。
（3）眼睛平视屏幕，保持 30～40 厘米的距离，每隔 10 分钟将视线从屏幕上移开一次。
（4）手肘高度和键盘平行，手腕不要靠在桌子上，双手要自然垂放在键盘上。

2．基准键位

主键盘区有 8 个基准键，分别是"A""S""D""F""J""K""L"";"。打字之前要将双手的食指、中指、无名指、小拇指分别放在 8 个基准键上，大拇指放在空格键上。"F"键和"J"键上都有一个凸起的小横杠，盲打时可以通过它们找到基准键位。

3．手指分工

打字时，双手的十个手指都有明确的分工，只有按照正确的手指分工打字，才能提高打字的速度和实现盲打。手指分工如图 1-31 所示。

4．击键方法

击键之前，十个手指放在基准键上；击键时，要击键的手指迅速敲击目标键，瞬间发力并立即弹回，不要一直按在目标键上；击键完毕后，手指要立即放回基准键上，准备下一次击键。

5．输入法的切换

用组合键 Ctrl+空格键（按住 Ctrl 键不放，再按空格键）启动或关闭汉字输入法，用组

图 1-31 手指分工

合键 Ctrl+Shift 可在英文和各种汉字输入法之间进行切换。选用了汉字输入法之后,屏幕上将显示一个汉字输入法工具栏,如图 1-32 所示。

输入法工具栏上的各个按钮都是开关按钮,单击即可改变输入法的某种状态,如在中文和英文状态之间切换、在全角(所有字符均与汉字同样大小)和半角之间切换、在中文标点符号和英文标点符号之间切换等。将鼠标移到工具栏的边缘,指针将变成十字箭头形,此时按住左键拖动可将工具栏拖到任何位置。

图 1-32 输入法工具栏

本章小结

本章首先概述了计算机的发展历史及我国计算机的发展历程;其次主要讲述了计算机系统的组成和计算机的工作原理,并对计算机的四种进制及其相互之间的转换做了详细的讲解;最后介绍了计算机数值表示法、计算机中常用的信息编码和键盘的相关内容。通过本章的学习,读者对计算机的发展、计算机的系统组成、计算机的工作原理、计算机的数制等基础知识有了大概的了解,为后续章节的学习打好了基础。

习题

一、单项选择题

1. 世界上真正意义上实现的第一台电子计算机是(   )。
   A. ENIAC   B. UNIVAC   C. EDVAC   D. EDSAC
2. 世界上首次提出存储程序计算机体系结构的是(   )。
   A. 图灵   B. 冯·诺依曼   C. 莫奇莱   D. 比尔·盖茨

3. 计算机能够自动、准确、快速地按照人们的意图进行运行的基本思想是（　　）。
   A. 采用超大规模集成电路　　　　　B. 采用CPU作为中央核心部件
   C. 采用操作系统　　　　　　　　　D. 存储程序和程序控制
4. 计算机硬件能直接识别和执行的只有（　　）。
   A. 高级语言　　　B. 符号语言　　　C. 汇编语言　　　D. 机器语言
5. 计算机中数据的表示形式采用（　　）。
   A. 八进制　　　　B. 十进制　　　　C. 二进制　　　　D. 十六进制
6. 下列数据中,值最小的数是（　　）。
   A. 二进制数100　　　　　　　　　B. 八进制数100
   C. 十进制数100　　　　　　　　　D. 十六进制数100
7. 下列四个不同数制表示的数中,数值最大的是（　　）。
   A. 二进制数11011101　　　　　　B. 八进制数334
   C. 十进制数219　　　　　　　　　D. 十六进制数DA
8. 用1字节最多能编出（　　）不同的码。
   A. 8个　　　　　　B. 16个　　　　C. 128个　　　　D. 256个
9. 64位微型计算机中的64是指（　　）。
   A. 微型计算机型号　　B. 内存容量　　C. 存储单位　　D. 计算机的字长
10. 存储系统中的RAM是指（　　）。
    A. 可编程只读存储器　　　　　　　B. 随机存取存储器
    C. 只读存储器　　　　　　　　　　D. 动态随机存取存储器

二、填空题

1. 世界上第一台通用计算机研制成功的时间是_____。
2. 计算机系统分为硬件系统和_____。
3. 在计算机中,字节是常用单位,它的英文名字是_____。
4. CPU主要由运算器、控制器和_____组成。
5. _____是控制和管理计算机硬件和软件资源、合理地组织计算机工作流程、方便用户使用的程序集合。

三、判断题

1. 计算机的CPU采取的数学计算原理是十进制（　　）。
2. 笔记本式计算机属于小型计算机。（　　）
3. RAM是内存的主要组成部分,计算机一旦断电,其存储信息将全部丢失。（　　）
4. 我们平常所说的裸机是指无软件系统的计算机系统。（　　）
5. I/O设备的含义是输入输出设备。（　　）

四、简答题

1. 简述电子计算机的发展阶段。

2. 简述计算机的分类。
3. 简述冯·诺依曼型计算机的设计思想。
4. 计算机的 CPU 采取的数学计算原理是什么？
5. 什么是信息编码？请举例说明常用编码有哪些？
6. 什么是原码、反码和补码？

第2章 计算机网络与Internet

计算机网络是计算机系统的基础设施,它使计算机之间可以相互连接达到通信和资源共享等目的。计算机网络的发展经历了从局域网到广域网、从封闭式到开放式、从静态信息传输到动态信息互动的演变过程,其中Internet则是人们最熟悉的计算机系统。Internet利用大量的网络连接设备将全球数亿台计算机连接起来,而且Internet还在进一步地发展,不断地将平板式计算机、智能手机等更多的终端接入进来,把计算机与计算机的连接延伸到万物的互联,对人类社会的经济、文化等方面产生深远的影响。

2.1 计算机网络概念及其组成

2.1.1 计算机网络的定义、分类及性能

1. 计算机网络的定义

计算机网络是指将地理位置不同的具有独立功能的多台计算机及其外部设备,通过通信线路连接起来,在网络操作系统、网络管理软件及网络通信协议的管理和协调下,实现资源共享和信息传递的计算机系统。

2. 计算机网络的分类

计算机网络有多种类别,下面进行简单的介绍。

(1) 按照网络的覆盖范围进行分类。

局域网(Local Area Network,LAN):它的覆盖范围一般在相对较小的范围内,如家庭、学校和办公室等。局域网通过有线或无线通信技术将多台计算机和外部设备连接在一起,以便它们之间可以交换数据和资源。

城域网(Metropolitan Area Network,MAN):它的覆盖范围为一个城市,一般由一组相互连接的局域网组成。比较典型的城域网是有线电视网。城域网通过接入点连接光纤等进入小区,在小区内可以使用同轴电缆进入千家万户。

广域网(Wide Area Network,WAN):它的覆盖范围很大,比城域网和局域网都要广泛,可以覆盖多个城市和国家,甚至全球。广域网通常通过各种公共和专用的通信线路和网络设备相互连接起来,如电话线、电缆、卫星等。例如:覆盖中国的卫星网络就是一个广域网。

(2) 按照网络的使用者进行分类。

公用网：它指主管部门或经主管部门批准的电信运营机构出资建造的大型网络。"公用"的意思就是所有愿意按规定缴纳费用的人都可以使用这种网络。因此，公用网也被称为公众网。

专用网：它指某个部门或集团为满足本部门或集团的特殊业务需要而建造的网络。这种网络不向本部门或集团以外的人提供服务。例如：军队、铁路、银行、电力等系统均有各自的专用网。

3. 计算机网络的性能

计算机网络的性能可以由以下几个性能指标来度量。

(1) 数据速率。

计算机发送出的信号都是数字形式的。比特(bit)是计算机中数据量的单位，也是信息论中信息量的单位。比特的意思是一个二进制数字。因此，一个比特就是一个二进制数字 1 或 0。数据速率指的是连接在计算机网络上的主机在数字信道上传送数据的速率，它也称为数据率或比特率。数据速率是计算机网络中最重要的一个性能指标。数据速率的单位是比特每秒(bit/s)。

(2) 带宽。

"带宽"有以下两种不同的意义。

① 带宽本来是指某个信号具有的频带宽度。信号的带宽是指该信号所包含的各种不同频率成分所占据的频率范围。例如：在传统的通信线路上传送的电话信号的标准带宽是 4.1 kHz(从 300 Hz 到 4.4 kHz，即话音主要成分的频率范围)。这种意义的带宽单位是赫兹。

② 在计算机网络中，带宽用来表示网络的通信线路所能传送数据的能力，因此网络带宽表示在单位时间内从网络中的某一点到另一点所能通过的最高数据量。本书一般说到的"带宽"就是指这个意思。这种意义的带宽单位是比特每秒，记为 bit/s。

(3) 吞吐量。

吞吐量表示在单位时间内通过某个网络(或信道或接口)的数据量。吞吐量经常用于对现实网络的测量，以便知道实际上到底有多少数据量可以通过网络。显然，吞吐量受网络的带宽或网络的额定数据速率的限制。例如：对于一个 100 Mbit/s 的以太网，其额定数据速率是 100 Mbit/s，那么这个数值也是该以太网的吞吐量的绝对上限值。因此，对于 100 Mbit/s 的以太网，其通常的吞吐量可能也只有 70 Mbit/s。有时吞吐量还可用每秒传送的字节数或帧数来表示。

(4) 时延。

时延是指数据(一个报文或分组等)从网络(或链路)的一端传送到另一端所需的时间。时延是个很重要的性能指标，它有时也被称为延迟或迟延。网络中的时延是由以下几个不同的部分组成的。

① 发送时延。发送时延是主机或路由器发送数据帧所需要的时间，也就是从发送数据帧的第一个比特算起，到该帧的最后一个比特发送完毕所需的时间。

因此，发送时延也叫作传输时延。发送时延的计算公式是

$$发送时延=数据帧长度(bit)/带宽(bit/s)$$

由此可见,对于一定的网络,发送时延并非固定不变的,而是与发送的数据帧长度(单位是 bit)成正比,与带宽成反比。

② 传播时延。传播时延是电磁波在信道中传播一定的距离所花费的时间。传播时延的计算公式是

$$传播时延=信道长度(m)/电磁波在信道上的传播速率(m/s)$$

电磁波在自由空间的传播速率是光速,即 3×10^8 m/s。电磁波在网络传输介质中的传播速率要比在自由空间中的略低。

③ 处理时延。主机或路由器在收到分组后要花费一定的时间进行处理,如分析分组的首部、从分组中提取数据部分、进行差错检验和查找适当的路由等,这就产生了处理时延。

④ 排队时延。分组在网络中传输时,要经过许多的路由器,但分组在进入路由器后要先在输入队列中排队等待处理,在路由器确定了转发接口后,还要在输出队列中排队等待转发。这就产生了排队时延。

因此,数据在网络中经历的总时延就是以上四种时延之和,即

$$总时延=发送时延+传播时延+处理时延+排队时延$$

(5) 时延带宽积。

将上述的传播时延和带宽相乘,就得到了一个很有用的度量——传播时延带宽积,即

$$时延带宽积=传播时延\times带宽$$

(6) 往返时间。

在计算机网络中,往返时间也是一个重要的性能指标。它表示从发送方发送数据开始,到发送方收到来自接收方的确认(接收方收到数据后便立即发送确认)总共经历的时间。

(7) 利用率。

利用率有信道利用率和网络利用率两种。信道利用率是指在一个发送周期内,某信道被利用(有数据通过)的时间占整个发送周期的比例。完全空闲的信道的信道利用率是零。网络利用率是全网络的信道利用率的加权平均值。

2.1.2 计算机网络的组成

计算机网络是一个非常复杂的系统。不同网络的组成也不尽相同。一般我们可以将计算机网络分为硬件和软件两部分。硬件部分主要包括计算机设备、网络传输介质和网络互连设备;软件部分主要包括网络通信协议、网络操作系统和网络应用软件等。

1. 网络传输介质

常用的网络传输介质分为有线传输介质(双绞线、同轴电缆和光纤)和无线传输介质两大类,具体内容如下。

(1) 双绞线。

双绞线(Twisted Pair)是一种综合布线工程中最常用的传输介质,由两根具有绝缘保护层的铜导线相互缠绕而成,如图 2-1 所示。双绞线的名字也由此而来。根据有无屏蔽层,双绞线分为屏蔽双绞线(Shielded Twisted Pair,STP)与非屏蔽双绞线(Unshielded Twisted Pair,UTP)。与其他传输介质相比,双绞线在传输距离、信道宽度和数据速率等方面均受到

一定限制,但价格较为低廉。常用双绞线有五类线、超五类线及六类线等。

(2) 同轴电缆。

同轴电缆(Coaxial Cable)是指有两个同心导体,并且导体和屏蔽层又共用同一轴心的电缆。同轴电缆(如图 2-2)由内到外分为四层:内导体(单股的实心线或多股绞合线)、塑料绝缘层、网状导电层和电线外皮。

图 2-1 双绞线

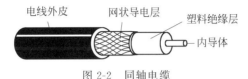

图 2-2 同轴电缆

同轴电缆的优点是可以在相对长的无中继器的线路上支持高带宽通信,其缺点是:体积大,成本高,不能承受缠结、压力和严重的弯曲。

(3) 光纤。

光纤(Fiber)是光导纤维的简称。光纤(如图 2-3)是一种由玻璃或塑料制成的纤维,可作为光传导的工具。通常,光纤与光缆两个名词会被混淆。多数光纤在使用前必须由几层保护结构包覆,包覆后的缆线被称为光缆。香港中文大学前校长高锟因首先提出光纤可用于通信传输的设想,于 2009 年获得诺贝尔物理学奖。

光纤作为宽带接入的一种主流方式,有着通信容量大、中继距离长、保密性能好、适应能力强、体积小、质量轻、原材料来源广和价格低廉等优点。

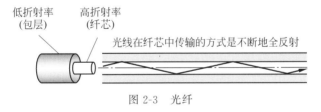

图 2-3 光纤

(4) 无线传输介质。

无线通信利用电磁波来传输信息,不需要铺设电缆,非常适于一些高山、岛屿或临时场地的联网。无线传输介质是指信号通过空间传输,信号不被约束在一个物理介质内。主要的无线传输介质包括无线电波、微波和红外线。

2. 网络互连设备

网络互连是指应用合适的技术和设备,将不同地理位置的计算机网络连接起来,从而形成一个范围和规模更大的网络系统,实现更大范围内的资源共享和数据通信。常见的网络互连设备有以下几种。

(1) 中继器。

中继器(Repeater)是工作在物理层的最简单的网络互连设备,如图 2-4 所示。中继器的功能是对接收信号进行再生和转发,从而增加信号传输的距离。因此,中继器本质上是一种数字信号放大器。

(2) 集线器。

集线器的英文名称为 Hub。Hub 是中心的意思。集线器的功能是对接收到的信号进行再生、放大,然后由多端口转发。因此,集线器可以说是一种特殊的中继器,又叫多端口中继器,如图 2-5 所示。

图 2-4 中继器

图 2-5 集线器

集线器是一种物理层共享设备。当同一局域网内的 A 主机给 B 主机传输数据时,数据包在以集线器为架构的网络上以广播方式传输,同一时刻网络上只能传输一组数据帧,如果发生碰撞还得重试,这种方式就是共享网络带宽。

(3) 网桥。

网桥(Bridge)又称桥接器,工作在数据链路层,独立于高层协议,是用来连接两个具有相同操作系统的同域网络的设备。网桥的作用:一是增大网络的传输距离,减轻网络的负载;二是自动过滤数据包,根据包的目的地址决定是否转发该包到其他网段,因此网桥是一种存储转发设备。网桥可以是专门的硬件设备,也可以由计算机加装的网桥软件来实现。

图 2-6 交换机

(4) 交换机。

交换机(Switch)意为开关,是一种用于电(光)信号转发的网络设备,如图 2-6 所示。它可以为接入交换机的任意两个网络节点提供独享的信号通路。最常见的交换机是以太网交换机。

交换机工作于数据链路层。交换机可以在同一时刻进行多端口之间的数据传输,而且每个端口都可以视为各自独立的,相互通信的双方独自享有全部带宽,从而提高了数据速率、通信效率和数据传输的安全性。交换机比网桥具有更好的性能,因此,交换机逐渐取代了网桥。目前,局域网内主要采用交换机连接计算机。

(5) 路由器。

路由器(Router)用于连接多个逻辑上分离的网络,如图 2-7 所示。数据从一个子网传输到另一个子网时,可通过路由器的路由功能来完成。因此,路由器的基本功能就是进行路径的选择,找到最佳的转发数据路径。路由器具有判断网络地址和选择 IP 路径的功能,它能在多网络互连环境中建立灵活的连接,可用完全不同的数据分组和介质访问方法连接各种子网,路由器只接收源站或其他路由器的信息,属于网络层

图 2-7 路由器

的一种互连设备。

3．网络通信协议

网络中的通信双方必须共同遵守一些约定和通信规则，这就是通信协议。连入网络的计算机依靠网络通信协议实现互相通信。网络协议软件是指用以实现网络通信协议功能的软件。常用的网络通信协议有 HTTP、TCP/IP 等。

4．网络操作系统

网络操作系统(Network Operation System,NOS)是网络环境下用户与网络资源之间的接口，是运行在网络硬件基础之上的，为网络用户提供共享资源管理服务、基本通信服务、网络系统安全服务及其他网络服务，实现对网络资源的管理和控制的软件系统。网络操作系统是网络的核心，其他应用软件系统需要网络操作系统的支持才能运行。网络操作系统主要有 Windows 系列、UNIX、Linux 等。

2.2 Internet 基础

2.2.1 Internet 概念

Internet 是指全球范围内的计算机网络互连体系，也被称为互联网。它由许多互联的计算机网络和设备组成，形成了一个庞大的全球性网络，可以实现计算机之间的通信和数据交换。

Internet 可以追溯到 20 世纪 60 年代，美国的阿帕网(Advanced Research Projects Agency Network,ARPANet)，ARPANet 最初是为了连接美国国防部的计算机，以便更好地进行军事研究和通信。随着时间的推移，ARPANet 逐渐扩展成了一个更加庞大的互联网，连接了越来越多的计算机网络和设备，为人们提供了越来越多的服务和资源。

如今，Internet 已经成为全球十分重要的信息交流和共享平台之一，人们可以通过 Internet 获取各种信息、进行电子商务和远程教育等。

2.2.2 Internet 接入方式

要使用 Internet 上丰富的资源和服务，用户首先要将计算机连入 Internet。一般来说，用户都需要通过 Internet 服务提供商(Internet Service Provider,ISP)来接入 Internet。中国主要的 ISP 是中国电信、中国联通和中国移动。Internet 接入方式如下。

(1) 宽带接入。

宽带接入是一种常见的高速上网方式，它使用电话线、光纤或同轴电缆等将信号传输到用户的计算机或路由器中。宽带接入提供了比传统的拨号接入更快、更稳定和更可靠的互联网连接。以下是一些不同类型的宽带接入。

① 数字用户线(Digital Subscriber Line,DSL)：DSL 通过电话线路向计算机或路由器提供互联网连接。DSL 连接速度通常比拨号连接速度快，但是比光纤连接速度慢。

② 光纤或光缆：使用光纤或光缆传输数据的宽带接入方式，是目前最快的宽带接入方式之一，传输速度和稳定性非常高。光纤或光缆接入通常需要安装专用的光纤或光缆到家庭或办公室中，以便计算机或路由器接收互联网信号。

③ 同轴电缆：同轴电缆通过电视线缆向计算机或路由器提供互联网连接。它通常比 DSL 更快，但比光纤慢。

（2）无线接入。

随着手持式终端设备的广泛应用，通过无线介质而非导线、电缆和光纤等介质，将信号传输到终端设备或路由器的无线接入方式越来越普及。其中包括：

①无线局域网（WLAN）；②3G/4G 移动电话接入；③cable modem 接入。

（3）卫星接入。

卫星接入使用卫星接收器和卫星信号将互联网连接到用户的计算机或其他设备。这种方式通常适用于那些住在偏远地区或没有其他互联网接入方式的人们。

（4）电力线接入。

电力线接入是一种利用电力线路将互联网信号传输到用户的计算机或其他设备的方式。通过在电力线路上添加适配器，用户可以在家庭或办公室中使用电力线接入。

2.2.3 IP 地址与域名

Internet 采用一种全局通用的 IP 地址格式，由网络号和主机号构成。IPv4 地址是一个 32 位的二进制数，通常被分割为 4 组，每组是一个 8 位二进制数，用点分十进制表示。

"0"开头的是 A 类 IP 地址（全为 0 和全为 1 的 IP 地址有特殊用途）。A 类 IP 地址适用于超大型网络，可使用的网络号只有 $2^7-2=126$ 个，一个网络可容纳 $2^{24}-2$ 台主机。"10"开头的是 B 类 IP 地址。B 类 IP 地址适用于中型网络。"110"开头的是 C 类 IP 地址。C 类 IP 地址适用于主机数量不超过 $2^8-2=254$ 台的小型网络。A 类 IP 地址、B 类 IP 地址、C 类 IP 地址是基本类，D 类 IP 地址、E 类 IP 地址作为多播和保留使用，如图 2-8 所示。

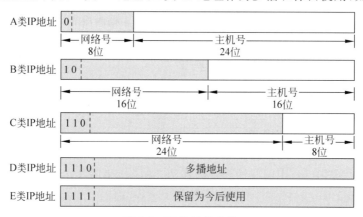

图 2-8 IP 地址的分类

域名是 Internet 上用来表示计算机或服务的名称，但它并不是 IP 地址的直接表现形式。实际上，域名和 IP 地址之间存在着映射关系。域名可以被解析为对应的 IP 地址，从而使计算机之间可以在 Internet 上进行通信。

因为人类更容易记忆域名而不是 IP 地址,所以域名被广泛用于标识 Internet 上的各种资源,如 Web 页面、电子邮件服务器、FTP 服务器等。例如:Google 的域名是 www.google.com,它实际对应的 IP 地址是一个 IPv4 地址或 IPv6 地址,用户可以通过这个域名在 Web 浏览器中访问 Google 的网站。在实际应用中,域名和 IP 地址之间的映射关系通常由 DNS(Domain Name System)服务器来完成。DNS 服务器维护一个分层的计算机域名系统,用户可以通过向 DNS 服务器查询一个域名对应的 IP 地址来获取需要访问的 Internet 资源的地址信息。

2.2.4　Internet 中的 C/S 结构

Internet 中的 C/S(Client/Server)结构是指在 Internet 上,客户端(Client)通过使用特定协议向服务器(Server)发送请求,服务器则根据请求进行处理,并向客户端返回相应的数据或服务。在这种结构中,客户端和服务器之间的交互是基于网络通信协议(如 HTTP、FTP 等)进行的,客户端通常采用 Web 浏览器或专门的客户端程序进行访问。

具体而言,C/S 结构中的客户端通常是指一个独立的程序或设备,它向服务器发送请求,接收和处理来自服务器的响应。客户端通常具有用户友好的界面,可以帮助用户进行操作和管理。而服务器则是提供服务和资源的计算机,它会接收客户端的请求并返回响应。服务器通常运行特定的服务程序(如 Web 服务器、FTP 服务器等),用于处理客户端的请求,并向客户端提供相应的服务或资源。

在 C/S 结构中,客户端和服务器之间的通信是基于特定的网络协议进行的,如 HTTP、FTP、SMTP 等。这些协议定义了客户端和服务器之间的数据交换格式、通信规则等。客户端使用特定协议构造请求,向服务器发送请求数据;服务器则根据协议处理请求,并向客户端返回响应数据,从而实现了 Internet 上各种服务和资源的访问和交互。

2.3　Internet 简单应用

2.3.1　浏览器与搜索引擎的使用

超文本传输协议(Hyper Text Transfer Protocol,HTTP)是一种用于传输 Web 页面、图像、音频、视频等数据的协议,是浏览器和 Web 服务器之间通信的基础。当用户在浏览器中输入 URL 并按下 Enter 键时,浏览器会向 Web 服务器发送 HTTP 请求,请求 Web 服务器返回 Web 页面的内容。

浏览器是 HTTP 的客户端,它负责向 Web 服务器发送 HTTP 请求,并解析 Web 服务器返回的响应。浏览器可以通过不同的方式发送 HTTP 请求。例如:GET 请求用于请求指定 URL 的内容,POST 请求用于提交表单数据,PUT 请求用于上传文件等。

浏览器可以使用 HTTP 与 Web 服务器进行交互,如向服务器请求资源、提交表单数据、下载文件等。浏览器还可以使用 HTTP 与 Web 服务器进行会话,如通过 Cookie 实现用户登录、保存用户偏好设置等。除了 HTTP,浏览器还支持其他协议,如 HTTPS、FTP、WebSocket 协议等。HTTPS 是 HTTP 的安全版本,使用 SSL 或 TLS 进行加密通信,以保护用户的隐私和安全。FTP 用于文件传输，WebSocket 协议用于实现实时通信。

使用浏览器是一种非常基本的网络技能，能够通过互联网浏览和访问网站、搜索信息、查找媒体和许多其他事情。使用浏览器的基本步骤如下。

（1）打开浏览器：在计算机上找到 Web 浏览器图标（如图 2-9）并单击它。常见的浏览器包括 IE、Google Chrome、Mozilla Firefox、Microsoft Edge 和 Safari 等。

（2）输入网址：在浏览器的地址栏中输入想要访问网站的网址，如图 2-10 所示。

图 2-9　Google Chrome

图 2-10　浏览器中输入网址

（3）浏览网页：输入了网址，浏览器会加载网页并显示在屏幕上，如图 2-11 所示。

图 2-11　浏览网页

（4）实现多个网页间的前进或后退：单击浏览器工具栏上的前进或后退导航按钮可在浏览时间先后顺序不同的多个页面间实现切换，如图 2-12 所示。

图 2-12　浏览器上的前进和后退导航按钮

（5）添加书签：如果常常访问某个网站，可以将其添加到书签栏。在浏览器中单击"收藏夹"或"书签"选项（如图 2-13），然后单击"为此标签页添加书签…"（如图 2-14）。

（6）清除浏览数据：如果您想清除浏览记录或缓存文件等，可以在浏览器的设置菜单中找到"隐私设置和安全性"选项，在此处，可以选择清除浏览记录、Cookie 及其他数据，如图 2-15 所示。

这些是使用浏览器的基本步骤。如果不知道目标网站网址，只有想查找的内容，用户通常会使用搜索引擎来查找需要的信息。浏览器中搜索引擎的使用步骤如下。

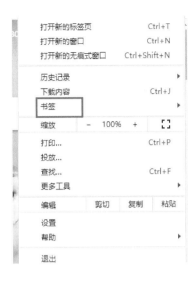

图 2-13 浏览器上的"书签"选项

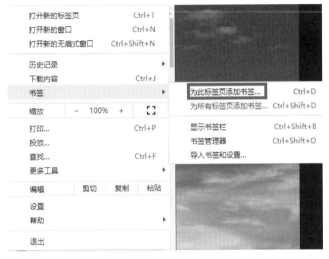

图 2-14 在浏览器中为当前标签页添加书签

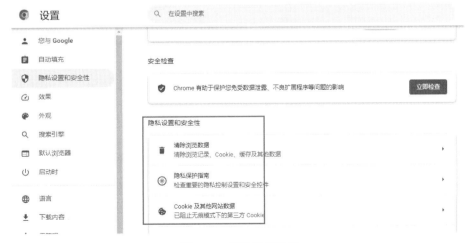

图 2-15 清除浏览数据

(1) 打开浏览器。

(2) 打开搜索引擎：在浏览器中输入搜索引擎的网址，如百度（www.baidu.com）或必应（www.bing.com），如图 2-16 所示。

图 2-16　打开搜索引擎

(3) 输入搜索关键词：在搜索栏中输入要搜索的词语、问题或短语。如果不确定如何表达问题，可以使用简短的关键词，如"春游"或"南方"，如图 2-17 所示。

图 2-17　输入搜索关键词

(4) 单击搜索按钮：在输入搜索关键词后，单击搜索按钮。搜索引擎将立即开始搜索并显示相关的结果，如图 2-18 所示。

图 2-18　搜索引擎根据搜索关键词展示相关结果

(5) 浏览搜索结果：根据搜索关键词，搜索引擎会显示相关的结果页面。可以单击任意搜索结果来访问相关页面，或者单击"图像"或"视频"等选项卡以查看相关媒体内容。

(6) 清除搜索历史记录：如果不想让其他人看到您的搜索历史记录，可以在浏览器设置中清除搜索历史记录。在设置菜单中找到"隐私设置和安全性"选项,然后选择清除搜索历史记录。

掌握了上述浏览器及搜索引擎的使用步骤,就可以在互联网的海洋里冲浪了。

2.3.2 电子邮件

电子邮件(Email)是一种在互联网上发送和接收信息的沟通方式。简单邮件传输协议(Simple Mail Transfer Protocol,SMTP)是一种用于传输电子邮件的协议,它规定了电子邮件的传输方式。当向他人发送电子邮件时,用户需要指定邮件的收件人、主题和正文。邮件的发送和接收是通过 SMTP 服务器进行的。SMTP 服务器负责接收和传输电子邮件。SMTP 服务器使用 TCP/IP 协议来传输邮件。

在发送电子邮件时,邮件客户端(如 Outlook 或 Foxmail)或者 Web 邮箱将邮件传递给 SMTP 服务器。SMTP 服务器会检查发送邮件的权限并验证发送者身份。然后,SMTP 服务器将邮件传递给邮件接收者的 SMTP 服务器。邮件接收者的 SMTP 服务器将检查邮件的接收者是否有权限接收该邮件,若有权限,则将邮件传递给邮件接收者的邮箱。

SMTP 还规定了如何处理邮件传输错误。如果无法将邮件传递到邮件接收者的 SMTP 服务器,那么邮件会退回给发件人。邮件客户端会将错误信息显示给您,并帮助您更正邮件地址或其他错误。SMTP 是电子邮件传输的基础,它定义了如何发送和接收电子邮件。

本文将以 Web 邮箱为例介绍如何使用电子邮件。

(1) 打开浏览器。

(2) 打开电子邮件网站:输入电子邮件网站如网易邮箱(mail.163.com)、QQ 邮箱(mail.qq.com)等,并打开,如图 2-19 所示。

图 2-19 打开电子邮件网站

(3) 创建一个账户:在电子邮件网站上,找到"注册新账号"的选项。根据注册要求填写信息,便可创建一个新的电子邮件账户。例如:网易邮箱可以通过手机号快速注册邮箱,也可以通过邮箱地址、密码、手机号进行普通注册,如图 2-20 所示。其中,邮箱地址由用户名唯一标示,用户名也是电子邮件地址的一部分。例如:电子邮件地址是 example@163.com,那么用户名就是"example"。

图 2-20　网易邮箱注册新账号

(4)登录并查看收件箱:一旦创建好电子邮件账户并登录,单击"收信"按钮,就可以查看该账户收到的所有邮件列表,如图 2-21 所示。

图 2-21　登录并查看收件箱

(5)编写电子邮件:单击"写信"按钮,输入收件人的电子邮件地址、主题和正文,还可以添加附件,如照片或文档等,如图 2-22 所示。

图 2-22　编写电子邮件

（6）发送电子邮件：当编写完电子邮件并准备发送时，单击"发送"按钮。电子邮件将被发送到收件人的收件箱中，并且收件人和发件人可以通过回复电子邮件进行交流。

（7）注销：当完成使用时，用户可以单击"注销"按钮来退出账户，以确保账户安全。

2.3.3 FTP

文件传输协议（File Transfer Protocol，FTP）是 TCP/IP 应用层协议之一。FTP 是一种用于计算机网络中客户端和服务器之间进行文件传输的协议。RFC 959 中定义了 FTP 规范。FTP 客户端是用于连接 FTP 服务器并与之传输文件的软件程序。FTP 客户端的基本使用步骤如下。

（1）下载并安装 FTP 客户端：许多 FTP 客户端（如 FlashFXP、Xftp、WinSCP、FileZilla 等）可从互联网上免费下载，根据安装说明进行安装。

（2）打开 FTP 客户端，如图 2-23 所示。

图 2-23 打开 FTP 客户端

（3）连接 FTP 服务器：在 FTP 客户端中，单击会话中的快速链接，输入 FTP 服务器的地址或 URL、用户名称和密码等，以便连接 FTP 服务器，如图 2-24 所示。这些信息通常由 FTP 服务器提供商提供。部分 FTP 服务支持匿名登录，即不需要用户名称和密码也能访问或浏览 FTP 服务器。

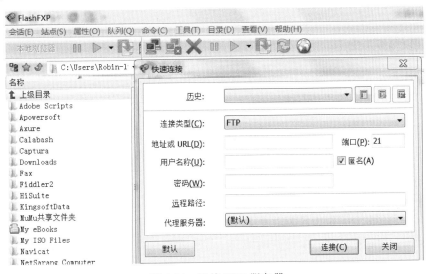

图 2-24 连接 FTP 服务器

（4）浏览FTP服务器：一旦连接上FTP服务器，就可以浏览服务器上的文件和文件夹，也可以使用FTP客户端中的文件浏览器导航到想要上传或下载的文件或文件夹，如图2-25所示。

图2-25　浏览FTP服务器

（5）上传文件：在FTP客户端中，将文件从左侧的本地文件夹拖动到右侧FTP服务器文件夹，即可上传文件。上传文件需要时间，取决于文件大小和网速。

（6）下载文件：在FTP客户端中，选择右侧要下载的文件，然后将其拖动到左侧的本地文件夹中，即可下载文件。

（7）断开连接：当完成使用FTP服务器时，可以断开与服务器的连接。在FTP客户端中找到"断开连接"选项，单击即可断开与FTP服务器的连接，如图2-26所示。

图2-26　断开与FTP服务器的连接

2.4　网络安全

2.4.1　网络安全概述

Internet强调了开放性和共享性，但它所采用的TCP/IP等技术的安全性是很脆弱的，其本身并不提供高度的安全保护，所以需要另外采取措施对信息进行保护。

计算机网络上的通信有可能面临以下四种威胁。

（1）截获：从网络上中途拦截他人的通信内容。

（2）中断：有意中断他人在网络上的通信。

（3）篡改：故意篡改网络上传送的报文。

（4）伪造：伪造信息在网络上传送。

在被动攻击中，攻击者只是观察和分析某个协议数据单元而不干扰信息流。主动攻击是指攻击者对某个协议数据单元进行各种处理，如更改报文流、拒绝报文服务、伪造连接初始化等。

2.4.2 防火墙

防火墙是由软件和硬件构成的系统，是一种特殊编程的路由器，用在两个网络之间实施接入控制策略。接入控制策略是由使用防火墙的单位自行制定的，以最恰当的方式来满足本单位的需要。防火墙内的网络称为可信赖的网络；而外部的 Internet 称为不可信赖的网络。防火墙可用来解决内联网和外联网的安全问题。防火墙的功能有两个：阻止和允许。阻止就是阻止某种类型的通信量通过防火墙（从外部网络到内部网络，或反过来）。允许的功能与阻止的功能恰好相反。防火墙必须能够识别通信量的各种类型。不过在大多数情况下防火墙的主要功能是阻止。防火墙技术一般分为两类。

（1）网络级防火墙：防止整个网络出现外来非法入侵。

（2）应用级防火墙：从应用程序层级进行接入控制。例如：防火墙只允许访问万维网的应用通过，而阻止 FTP 应用的通过。

2.4.3 加密技术

数据加密技术是计算机通信和数据存储中对数据采取的一种安全措施，即使数据被别有用心的人获得，也无法了解其真实含义。对一段数据进行加密是通过加密算法，用密钥对数据进行处理。算法可以是公开的知识，但密钥是保密的。使用者简单地修改密钥，就能达到改变加密过程和加密结果的目的。

1. 对称密码体制

对称密码体制是指加密密钥与解密密钥相同的密码体制。数据加密标准（Data Encryption Standard，DES）是世界上第一个公认的实用密码算法标准，曾对密码学的发展做出了重大贡献。DES 属于常规密钥密码体制。尽管人们在破译 DES 方面取得了许多进展，但至今仍未能找到比穷举搜索密钥更有效的方法。

对称密码体制存在两个问题如下。

（1）安全性不足：目前较为严重的一个问题是 DES 的密钥太短，已经能被现代计算机暴力破解。

（2）难分配管理：由于加密、解密使用同样的密钥，发送者和接收者均需要保存并在加密和解密时使用。密钥的生成、注入、存储、管理、分发等操作很复杂，特别是随着用户的增加，密钥的需求量成倍增加。例如：若系统中有 n 个用户，其中每两个用户之间需要建立密码通信，则系统中每个用户须掌握 $(n-1)$ 个密钥，系统中所需的密钥总数为 $n(n-1)/2$ 个。

2. 公钥密码体制

公钥密码体制使用互不相同的加密密钥与解密密钥，是一种由已知加密密钥推导出解密密钥在计算上不可行的密码体制。公钥密码体制的产生主要有两方面原因：一方面是常规密钥密码体制的密钥分配问题;另一方面是数字签名的需求。现有最著名的公钥密码体制是 RSA 密码体制。RSA 密码体制是基于数论中大数分解问题的体制,由美国三位科学家 Rivest、Shamir 和 Adleman 于 1977 年提出,并于 1978 年正式发表。R、S、A 分别是三人姓氏的首字母。

在公钥密码体制中,加密密钥(即公钥)是公开信息,而解密密钥(即私钥)是需要保密的。加密算法和解密算法也都是公开的。虽然私钥是由公钥决定的,但是不能根据公钥计算出私钥。任何加密方法的安全性都取决于密钥的长度,以及攻破密文所需的计算量。在这方面,公钥密码体制并不比对称密码体制更加优越。非对称公钥的分配需要一个值得信赖的机构——认证中心。申请实体(人或机器)首先向认证中心申请一对非对称公钥,认证中心将一对非对称公钥与申请实体绑定并给其颁发证书。证书里有该实体的公钥及标识信息,而私钥由申请实体保存并保密。报文需要使用私钥对其进行加密或者解密。认证中心对其颁发的证书进行了数字签名,以证实该证书确实由可信的认证中心发出。任何其他用户也都可以从可信渠道获得某个实体的公钥,即公钥是公开的。

2.4.4 计算机病毒

1. 计算机病毒概念

计算机病毒的概念于 1983 年由 Fred Cohen 首次提出,Fred Cohen 认为计算机病毒是一个能感染其他程序的程序,它可篡改其他程序,并把自身的复制嵌入其他程序而实现病毒的感染。Ed Skoudis 则认为计算机病毒是一种能自我复制的代码,通过将自身嵌入其他程序进行感染,而感染过程需要人工干预才能完成。《中华人民共和国计算机信息系统安全保护条例》中明确定义,计算机病毒是指"编制或者在计算机程序中插入的破坏计算机功能或者毁坏数据,影响计算机使用,并能自我复制的一组计算机指令或者程序代码"。

2. 计算机病毒特征

(1) 繁殖性。

计算机病毒可以像生物病毒一样进行繁殖,当正常程序运行时,它也进行自身复制。

(2) 破坏性。

计算机中毒后,可能会导致正常的程序无法运行,把计算机内的文件删除或受到不同程度的损坏,如破坏引导扇区、BIOS 或硬件环境。

(3) 传染性。

计算机病毒传染性是指计算机病毒通过修改其他程序将自身的复制品或其变体传染到其他无毒的对象上。这些对象可以是一个程序,也可以是系统中的某一个部件。是否具有繁殖、传染的特征是判断某段程序是否为计算机病毒的首要条件。

(4) 潜伏性。

计算机病毒潜伏性是指计算机病毒可以依附于其他媒体而寄生,侵入后的计算机病毒潜伏到条件成熟才会发作,使计算机运行速度变慢。

(5) 隐蔽性。

计算机病毒具有很强的隐蔽性,可以通过病毒软件检查出少数计算机病毒。隐蔽性计算机病毒时隐时现、变化无常,这类病毒处理起来非常困难。

(6) 可触发性。

编制计算机病毒的人,一般都为病毒程序设定了一些触发条件,如系统时钟的某个时间或日期、系统运行了某些程序等。一旦条件满足,计算机病毒就会发作,使系统遭到破坏。

3. 计算机病毒防范

(1) 计算机病毒征兆。

① 屏幕上出现不应有的特殊字符或图像、字符无规则地变化或脱落、画面静止或滚动、雪花、小球亮点、莫名其妙的信息提示等。

② 发出尖叫、蜂鸣音或非正常音乐等。

③ 经常无故死机,随机地发生重新启动或无法正常启动、运行速度明显变慢、内存空间变小、磁盘驱动器及其他设备无缘无故地变成无效设备等。

④ 磁盘标号被自动改写,出现异常文件,出现固定的坏扇区,可用磁盘空间变小,文件无故变大、被删除或被篡改,可执行文件(.exe 文件)变得无法运行等。

⑤ 打印速度明显变慢、不能打印文字与图形、打印时出现乱码等。

⑥ 收到来历不明的电子邮件、自动链接到陌生的网站、自动发送电子邮件等。

⑦ 有特殊文件自动生成。

⑧ 程序或数据无故被删除,文件名不能辨认等。

(2) 计算机病毒的预防。

① 安装杀毒软件并及时更新病毒数据库。

② 对系统文件、可执行文件和数据启用写保护功能。

③ 不使用来历不明的程序或数据。

④ 不轻易打开来历不明的电子邮件。

⑤ 使用新的计算机系统或软件时,先杀毒后使用。

⑥ 及时修补操作系统及其捆绑软件的漏洞。

⑦ 备份系统数据,建立系统的应急计划等。

本章小结

本章介绍了计算机网络的定义、分类及性能,计算机网络的基本组成,以及一般的计算机网络的硬件部分和软件部分。本章还介绍了 Internet 概念、接入方式、IP 地址与域名,以及 Internet 中的 C/S 结构。为了方便理解,本章进一步介绍了 Internet 的简单应用,包括浏览器与搜索引擎的使用、电子邮件及 FTP 的基本使用方法。本章最后概述了网络安全,并介绍了防火墙、加密技术及计算机病毒的相关知识。

习题

一、单项选择题

1. 一座大楼内的计算机网络系统属于(   )。

A. 广域网　　　　　B. 局域网　　　　　C. 城域网　　　　　D. 个域网
  2. 常用的传输介质中,带宽最大、传输信号衰减最小、抗干扰能力最强的是(　　)。
　　　A. 同轴电缆　　　　B. 光纤　　　　　　C. 双绞线　　　　　D. 无线电磁波
  3. 计算机病毒是一种(　　)。
　　　A. 可以传染给人的疾病　　　　　　　　B. 计算机自动产生的恶性程序
　　　C. 人为编制的恶性程序或代码　　　　　D. 不良环境引起的恶性程序
  4. 计算机网络最基本的功能是(　　)。
　　　A. 降低成本　　　　B. 打印文件　　　　C. 资源共享　　　　D. 文件调用
  5. 电子邮件使用的协议为(　　)。
　　　A. FTP　　　　　　B. HTTP　　　　　　C. SMTP　　　　　　D. DNS

二、填空题

  1. 按照网络的覆盖范围,计算机网络可分为＿＿＿＿＿＿、＿＿＿＿＿＿和＿＿＿＿＿＿。
  2. 按照网络的使用者,计算机网络可分为＿＿＿＿＿和＿＿＿＿＿两类。
  3. 双绞线可分为＿＿＿＿＿和＿＿＿＿＿。
  4. 计算机网络通信可能面临的四种威胁有＿＿＿＿＿、＿＿＿＿＿、＿＿＿＿＿、＿＿＿＿＿。
  5. IPv4 地址是一个＿＿＿＿＿位的二进制数,通常分为＿＿＿＿＿类。

三、判断题

  1. 同轴电缆由内到外分为三层:内导体、塑料绝缘层、网状导电层。(　　)
  2. 双绞线不仅可以传输数字信号,也可以传输模拟信号。(　　)
  3. 数据速率是计算机网络中最重要的一个性能指标,数据速率的单位是 bit/s。(　　)
  4. "10"开头的是 C 类 IP 地址,适用于中型网络。(　　)
  5. 对称密码体制是指加密密钥与解密密钥相同的密码体制。(　　)

四、简答题

  1. 计算机网络有哪些常用的性能指标?
  2. 简述 Internet 有哪些接入方式。
  3. 计算机病毒有哪些特征?如何预防?
  4. Internet 对社会有哪些方面的影响?请举例说明。
  5. 简述对称密码体制和公钥密码体制的加密机制。

第 3 章 计算机新技术

随着信息技术的快速发展,人工智能、云计算、大数据、物联网、虚拟现实和增强现实、区块链、5G、生物计算等计算机新技术被不断提出,引起了人们的广泛关注,并渗透到了人们的生活和工作中。本章我们将简要介绍一些计算机新技术。

3.1 人工智能

3.1.1 人工智能概述

简单来说,人工智能(Artificial Intelligence,AI)就是希望让机器或程序能拥有人类的智慧,研究目的是促使智能机器会听(如语音识别、机器翻译等)、会看(如图像识别、文字识别等)、会说(如语音合成、人机对话等)、会思考(如人机对弈、定理证明等)、会学习(如机器学习、知识表示等)、会行动(如机器人、自动驾驶汽车等)。总的来说,人工智能是研究、开发用于模拟、延伸和扩展人的智能的理论、方法、技术及应用系统的一门新的技术科学,是计算机科学的一个分支,但它不是人的智能。人工智能是对人的意识、思维的信息过程进行模拟,试图了解智能的实质,并生产出一种新的能以人类智能相似的方式做出反应的智能机器人。人工智能按照实现的水平可分成弱人工智能(Artificial Narrow Intelligence,ANI)、强人工智能(Artificial General Intelligence,AGI)和超人工智能(Artificial Super Intelligence,ASI)。

弱人工智能是指没有自主意识,不能独立推理思考,但能替代人类处理某一领域工作的机器或程序,如OpenAI开发的ChatGPT,微软的人工智能助理微软小娜(Cortana),百度旗下的人工智能助手小度,DeepMind开发的围棋机器人AlphaGo等。迄今为止,人工智能系统还是实现特定功能的专用人工智能,而不是像人类智能那样能够不断适应新的复杂的环境且不断涌现出新的功能。因此,目前全球人工智能的水平大部分是处于弱人工智能阶段,并在图像识别、语音识别、自然语言处理、推荐系统等方面取得了重大突破,甚至可以接近或者超越人类的水平。

强人工智能是有自主意识,能真正推理、思考,在各方面都能和人类比肩,并且能自适应地应对外界挑战的智能机器人。创造强人工智能比创造弱人工智能要难得多,目前强人工智能鲜有进展。大部分专家预测在未来几十年内强人工智能都难以实现。

超人工智能可以是各方面都比人类强一点,也可以是各方面都比人类强万亿倍的机器。

牛津大学哲学家、知名人工智能思想家 Nick Bostrom 把超人工智能定义为，在几乎所有领域都比最聪明的人类大脑还要聪明很多，包括科技创新、通识和社交技能。

3.1.2 人工智能发展历程

人工智能的发展历程，如图 3-1 所示，大致可以划分为 6 个阶段。

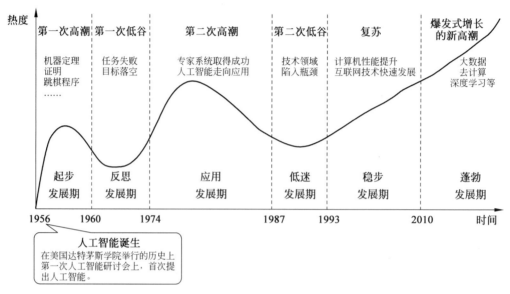

图 3-1　人工智能发展历程

（1）起步发展期：从 1956 年到 20 世纪 60 年代初。1956 年夏，约翰·麦卡锡、马文·明斯基等科学家在美国达特茅斯学院举行的历史上第一次人工智能研讨会上，首次提出人工智能这一概念，标志着人工智能学科的诞生。人工智能概念被提出后，相继取得了一批令人瞩目的研究成果，如机器定理证明、跳棋程序等，掀起了人工智能发展的第一个高潮。

（2）反思发展期：从 20 世纪 60 年代初到 20 世纪 70 年代初。人工智能发展初期的突破性进展大大提升了人们对人工智能的期望，人们开始尝试更具挑战性的任务，并提出了一些不切实际的研究目标。然而，接二连三的任务失败和预期目标的落空（如无法用机器证明两个连续函数之和还是连续函数、机器翻译闹出笑话等），使人工智能的发展进入低谷。

（3）应用发展期：从 20 世纪 70 年代初到 20 世纪 80 年代中期。20 世纪 70 年代专家系统趋于成熟。专家系统模拟人类专家的知识和经验解决特定领域的问题，实现了人工智能从理论研究到实际应用、从一般推理策略探讨到运用专门知识的重大突破。专家系统在医疗、化学、地质等领域取得成功，推动人工智能进入应用发展的新高潮。

（4）低迷发展期：从 20 世纪 80 年代中期到 20 世纪 90 年代中期。随着人工智能的应用规模不断扩大，专家系统存在的应用领域狭窄、缺乏常识性知识、获取知识困难、推理方法单一、缺乏分布式功能、难以与现有数据库兼容等问题逐渐暴露出来，使人工智能的发展再次进入低谷。

（5）稳步发展期：从 20 世纪 90 年代中期到 2010 年。由于网络技术的发展，特别是互联网技术的发展，加速了人工智能的创新研究，促使人工智能技术进一步走向实用化。1997

年,IBM研发的超级计算机"深蓝"战胜了国际象棋世界冠军卡斯帕罗夫;2008年,IBM提出"智慧地球"的概念。上述都是这一时期的标志性事件。这一时期,人工智能的发展开始复苏。

(6)蓬勃发展期:从2011年至今。随着大数据、云计算、互联网、物联网等计算机技术的发展,泛在感知数据和图形处理器等计算平台推动着以深度神经网络为代表的人工智能技术飞速发展,大幅跨越了科学与应用之间的技术鸿沟。如图像分类、语音识别、知识问答、人机对弈、无人驾驶等人工智能技术实现了从"不能用、不好用"到"可以用"的技术突破,迎来了爆发式增长的新高潮。

3.1.3 人工智能的技术分支

1. 模式识别

(1)基本概念。

模式识别(Pattern Recognition)诞生于20世纪20年代,随着20世纪40年代计算机的出现,20世纪50年代人工智能的兴起,模式识别在20世纪60年代初迅速发展成一门学科。模式识别是指对表征事物或现象的各种形式(如数值、文字、逻辑关系等)的信息进行处理和分析,对事物或现象进行描述、识别、分类和解释的过程,是人工智能的一个重要组成部分。简单来说,模式识别就是利用计算机根据样本的特征对样本进行分类,其主要应用于图像分类、文本分类、语音识别、计算机辅助治疗等方面。

(2)模式识别的一般流程如图3-2所示。

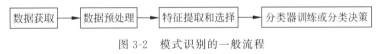

图3-2 模式识别的一般流程

2. 机器学习

(1)基本术语。

机器学习(Machine Learning)是人工智能的一个重要分支,专门研究计算机怎样模拟或实现人类的学习行为。它是一类算法的总称,这些算法试图从有限的观测数据集中学习或挖掘出隐含在其中的规律,并利用这些规律对未知的数据进行预测或分类。

模型(Model)一般是指通过学习数据而得到的结果。

数据集(Data Set)是指一组记录的集合,其中每条记录是对一个事件或对象的描述,称为一个实例(Instance)或样本(Sample)。

在机器学习中,一般将数据集分成独立的三部分。

① 训练集(Training Set):用于训练模型。

② 验证集(Validation Set):用于确定控制模型复杂度的参数。

③ 测试集(Testing Set):用来预测样本的值,主要是检验最终选择的模型的性能好坏。

特征(Feature)就是一系列用来表征事物的信息。例如:学生信息由学号、姓名、性别等特征组成。

标记或标签(Label)是指实例类别的标识。例如:一份邮件是否为垃圾邮件的标记或标签为是或否。

训练(Training)是从数据中学习得到模型的过程,也称为学习(Learning)。被训练的样本称为训练样本(Training Sample)。

测试(Testing)是指学习得到模型后,使用模型对样本进行预测的过程。被预测的样本称为测试样本(Testing Sample)。

泛化能力(Generalization):学习得到的模型适应新样本的能力。

(2)机器学习的一般流程如图3-3所示。

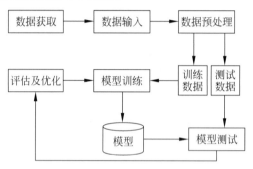

图3-3 机器学习的一般流程

(3)机器学习的算法分类。

机器学习的算法可以从多种角度来划分,具体划分方式如图3-4所示。

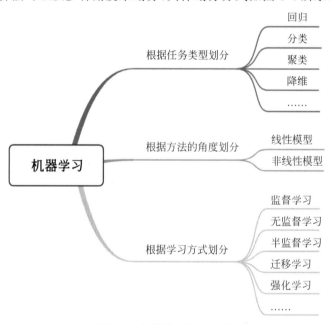

图3-4 机器学习算法分类

① 根据任务类型划分,机器学习可划分为回归、分类、聚类、降维等。

- 回归(Regression)。

回归是机器学习的一个任务,可预测连续值。例如:预测一个城市的房价,预测某个城市的PM2.5。常见的回归算法有线性回归(Linear Regression)、逻辑回归(Logistic

Regression)、局部加权回归(Locally Weighted Regression)等。

• 分类(Classification)。

分类是一个有监督的学习过程,它是通过对具有类别标记的观测数据进行学习,训练得到相应的分类器,让分类器能够对未知样本进行分类。分类模型可预测离散值,如判断一封邮件是否为垃圾邮件,判断一个病人是否患癌症。常见的分类算法有 K 近邻(K-Nearest Neighbor,KNN)、支持向量机(Support Vector Machine,SVM)、人工神经网络(Artificial Neural Network,ANN)等。

• 聚类(Clusting)。

聚类是指对大量未标记的数据集,根据数据的内在相似性将数据集划分为多个类别或簇,使类别或簇内的数据相似度高,而类别间的数据相似度低。常见的聚类算法有 K-Means 聚类、DBSCAN、层次聚类、谱聚类等。

• 降维(Dimensionality Reduction)。

降维是机器学习中一种很重要的技术。在机器学习中经常会碰到一些高维的数据集,而在高维特征空间中会出现数据样本稀疏、距离计算困难等问题,这类问题是所有机器学习方法共同面临的,称之为"维度灾难"问题。另外,在高维特征空间中,特征经常存在冗余。基于这些问题,降维被提出了。降维是通过某种数学变换将原始高维特征空间转换为一个低维子空间,使该子空间中的样本密度大幅增加,距离计算也更加容易。常见的降维方法有主成分分析(Principal Component Analysis,PCA)、线性判别分析(Linear Discriminant Analysis,LDA)等。

② 根据方法的角度划分,机器学习可划分为线性模型和非线性模型。

• 线性模型。

假设样本 $x=(x_1,x_2,\cdots,x_d)^T$,其中,x_1 是第一个特征,d 为特征维数。线性模型试图学习得到一个通过特征的线性组合来进行描述和预测的函数。例如:学习一个线性模型 $f(x)=\omega^T x+b$,其中,$\omega^T=(\omega_1,\omega_2,\cdots,\omega_d)^T$ 是各属性特征的组合系数或权重系数,b 为偏差。ω 和 b 通过学习得到之后,该线性模型就确定了。线性模型的形式很简单且易于建模,具有很好的解释性。

• 非线性模型。

与线性模型不同的是,非线性模型的参数不是线性的,不能用一条直线对样本进行划分。不过,许多非线性模型也是在线性模型的基础上通过引入层级结构和高维映射而得到的。

③ 根据学习方式划分,机器学习可划分为监督学习、无监督学习、半监督学习、迁移学习、强化学习等。

• 监督学习(Supervised Learning)。

监督学习是机器学习的一种方法。在监督学习过程中,数据是有标记的,通过对具有标记的训练样本进行学习,尽可能准确地对未知样本的数据进行预测。监督学习可分为分类和回归。

• 无监督学习(Unsupervised Learning)。

在无监督学习中,训练样本的标记信息未知。无监督学习的目标是通过对无标记的训练样本进行学习,进而揭示数据的内在性质及规律,为进一步分析数据提供了基础。无监督学习中研究最多、应用最广的是聚类。

• 半监督学习（Semi-Supervised Learning）。

半监督学习是监督学习与无监督学习相结合的一种学习方法。半监督学习使用的数据不仅有已标记数据，而且有未标记数据。半监督学习可分为半监督分类、半监督回归、半监督聚类、半监督降维等。

• 迁移学习（Transfer Learning）。

传统分类学习为了保证学习得到的分类模型泛化能力强，都有两个基本的假设：用于学习的训练样本与测试样本满足独立同分布；必须有足够可用的已标记训练样本才能学习得到一个好的分类模型。然而，在许多实际应用中，难以获得大量的已标记数据，且对数据进行标记非常费时、费力。此外，随着时间的推移，原先可用的已标记样本可能变得不可用，导致与新的测试样本分布不同。当一个领域（称为目标领域）只有少量已标记样本而难以训练成一个好的分类模型时，可将其他不同但相关领域（称为源领域）的知识迁移到目标领域中，这样不仅充分利用了源领域中大量的已标记样本，而且避免了烦琐的标记工作。机器学习中的迁移学习是研究此类问题的一种学习框架。迁移学习于 1995 年在神经信息处理系统大会（Conference and Workshop on Neural Information Processing Systems，NIPS）上被首次提出，其目的是迁移源领域已有知识来解决目标领域中只有少量已标记样本甚至没有的学习问题。近年来，迁移学习引起了人们的广泛研究和关注，也广泛应用于人们生活中，两个不同的领域共享的知识越多，迁移学习就越容易，否则就越困难，甚至会出现"负迁移"现象。例如：一个人要是学会了骑自行车，则很容易学会骑摩托车，但学习骑三轮车反而不适应，因为它们的重心位置不同。

• 强化学习（Reinforcement Learning）。

强化学习又称为增强学习、再励学习或评价学习，是机器学习的一种学习范式，用于描述和解决智能体（Agent）在与环境（Environment）的交互过程中通过学习策略以达成奖励（Reward）最大化或实现特定目标的问题，强调如何基于环境而行动（Action），以取得最大化的预期利益。

强化学习的灵感来源于心理学中的行为主义理论，即有机体如何在环境给予奖励或惩罚的刺激下，逐步形成对刺激的预期，产生能获得最大利益的习惯性行为，其最早可以追溯到巴甫洛夫的条件反射实验。条件反射实验从动物行为研究和优化控制两个领域独立发展，最终马尔可夫将其抽象为马尔可夫决策过程（Markov Decision Process，MDP）。经过几十年的发展，自 2016 年 AlphaGo 击败李世石之后，融合了深度学习的强化学习技术已成为人们讨论的焦点。

强化学习是让智能体试图采取行动来操纵环境，并且从一个状态（State）转变到另一个状态，当它完成任务时给予奖励，反之没有奖励，这也是强化学习的核心思想。强化学习主要包括四个元素：智能体、环境、行动和奖励。强化学习的目的是最大化长期累积奖励。

3. 数据挖掘

（1）基本概念。

数据挖掘（Data Mining）通常与计算机科学有关，通过统计、在线分析处理、机器学习、模式识别、专家系统、数据库技术等方法从大量数据中挖掘出隐含在其中事先未知但又具有潜在价值的信息的过程，是人工智能和数据库领域的一个研究热点问题，广泛应用于金融、销售、医疗、电信等行业。

数据挖掘的对象可以是任何类型（如结构化、半结构化、非结构化、异构型）的数据源，数据可以是文本数据、多媒体数据、空间数据、时序数据和Web数据等。

（2）数据挖掘的步骤。

数据挖掘的过程主要包括定义问题、建立数据挖掘库（包括数据收集、数据描述、数据选择、数据质量评估、数据清洗、数据合并和整合、元数据构建、加载数据挖掘库、维护数据挖掘库）、分析数据、准备数据、建立模型、评价模型和实施，如图3-5所示。

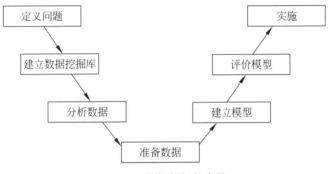

图3-5 数据挖掘的步骤

（3）数据挖掘十大经典算法。

2006年12月，数据挖掘国际顶级会议IEEE International Conference on Data Mining（ICDM）评选出了数据挖掘领域的十大经典算法：C4.5、K-Means聚类、SVM、Apriori、最大期望（Expectation Maximization，EM）算法、PageRank、AdaBoost、KNN、朴素贝叶斯分类器、分类与回归树（Classification and Regression Trees，CART）。这十个算法的分类如图3-6所示。

图3-6 数据挖掘十大经典算法的分类

3.1.4 人工智能的应用

1. 机器人

随着人工智能的快速发展，机器人也将大放异彩。在人们的生活和工作中，机器人随处可见,如扫地机器人、商用服务机器人、陪伴机器人、消防机器人、搬运机器人等。机器人的发展离不开人工智能的核心技术,如人机对话智能交互技术、情感识别技术、虚拟现实机器人技术等。人工智能技术把机器视觉、自动规划等认知技术、各种传感器整合到机器人身上,使机器人拥有判断、决策的能力,能够协助或取代人类的工作,如服务业、生产业、建筑业或危险的工作等。

2. 自然语言处理

自然语言处理(Natural Lauguage Processing,NLP)是人工智能的一个重要分支。它可以帮助计算机理解、解释和生成人类语言。在实际应用中,NLP 被广泛用于语音识别、机器翻译、智能客服等领域,如 OpenAI 公司的 ChatGPT。

3. 语音识别

语音识别是把语音转化为文字,并对其进行识别、认知和处理。近年来,语音识别系统发展迅速,如百度语音助手、微软小娜、搜狗语音助手、Siri 等。

4. 图像识别

图像识别是指通过计算机利用算法对图像进行采集、处理、分析和理解,以识别出不同模式的目标对象的技术,是应用深度学习算法的一种重要的实践应用,如人脸识别、车牌号识别、驾驶员行为识别等。

5. 专家系统

专家系统是一种基于计算机的交互式可靠的决策系统。它使用事实和启发式方法来解决复杂的决策问题,是一个具有大量专门知识和经验的智能计算机程序系统,可以解决特定领域中最复杂的问题,被认为是人类智慧和专业知识的最高水平,是当今人工智能、深度学习和机器学习系统的前身。一般的专家系统主要包括人机接口、推理机、知识库、数据库、知识获取、解释器这六部分。

3.2 云计算

3.2.1 云计算的产生

云计算可追溯到 1965 年,Christopher Strachey 在发表的一篇论文中正式提出的虚拟化的概念,而虚拟化正是云计算基础架构的核心,是云计算发展的基础。在 20 世纪 80 年代,Sun Microsystems 公司提出"网络是计算机"(The Network is the Computer)的理念。2006 年 3 月,亚马逊(Amazon)公司推出亚马逊弹性计算云(Amazon Elastic Compute Cloud,EC2)服务。EC2 是一种弹性云计算服务,可以让用户在亚马逊网络服务(Amazon Web Service,AWS)的基础设施上租用虚拟机实例,用来运行应用程序或托管网站。2006 年 8 月 9 日,Google 前首席执行官埃里克·施密特(Eric Schmidt)在搜索引擎大会(SES San Jose 2006)上首次提出云计算的概念。

3.2.2 云计算的定义

云计算是一种基于互联网的计算模式，是对并行计算、网络计算、分布式计算技术的发展与运用。通过在网络上共享计算资源，提供可按需获取、按使用量计费的计算服务。云计算通过将计算能力、存储和网络等资源提供给用户，使其能够更加高效地进行应用程序开发、部署和运行，从而降低成本，提高灵活性和可扩展性。

根据美国国家标准与技术研究院（National Institute of Standards and Technology，NIST）的定义，云计算具备以下5个基本特征。

（1）随时随地按需自助服务：用户可以根据需要自行选择和使用计算资源，无须人工干预。

（2）广泛的网络访问：用户可以通过标准的互联网协议，从任何地方访问计算资源。

（3）多租户的资源池：计算资源可以同时被多个用户共享，从而提高资源的利用率。

（4）快速弹性的伸缩性：用户可以根据需要快速地增加或减少计算资源，以适应不同的工作负载。

（5）可计量的服务：计算资源的使用量可以被测量、监控、控制和报告，从而能够对计算资源进行精细化的管理和控制。

狭义的云计算指的是厂商通过分布式计算和虚拟化技术搭建数据中心或巨型计算机，以免费或按需租用方式向技术开发者或企业客户提供数据存储、分析及科学计算等服务。广义的云计算指的是厂商通过建立网络服务器集群，向不同类型的客户提供在线软件服务、硬件租借、数据存储、计算分析等不同类型的服务。

3.2.3 云计算的分类

云计算按服务的提供方式和使用范围可以分为私有云、公有云、混合云三类；按服务类型可以分为基础设施即服务、平台即服务、软件即服务三类。云计算的分类如图3-7所示。

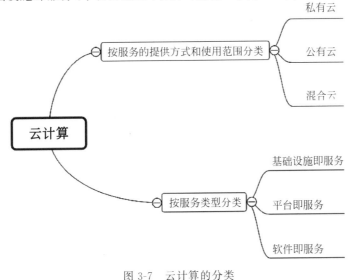

图3-7 云计算的分类

1. 按服务的提供方式和使用范围分类

（1）私有云。

私有云（Private Cloud）由单个组织或企业内部自行搭建和管理的云计算环境。私有云的资源是专有的，只能由内部人员或授权用户访问和使用。私有云通常由企业自己的 IT 部门搭建和维护，可以提供更高的安全性和可控性。

（2）公有云。

公有云（Public Cloud）通常指由云服务提供商提供的，面向公众的云计算服务。公有云的资源是共享的，用户可以按需使用，并通过互联网访问。公有云通常由云服务提供商（如阿里云、腾讯云、华为云、AWS、Microsoft Azure、Google Cloud 等）托管，用户可以根据自己的需求选择适当的服务类型和规模。

（3）混合云。

混合云（Hybrid Cloud）是公有云和私有云两种方式的结合。考虑到安全和控制问题，并非所有的企业信息都能放置在公有云上，因此大部分已经应用云计算的企业将会使用混合云模式。混合云利用了公有云和私有云的优势，不过由于设置比较复杂，维护和保护难度较大。

除了这三类云计算，还有一些特殊的云计算形态，如社区云、行业云、政府云等，它们都是在公有云、私有云和混合云的基础上，针对不同的用户群体和行业需求而特别设计和部署的云计算环境。

2. 按服务类型分类

（1）基础设施即服务。

基础设施即服务（Infrastructure as a Service，IaaS）是云服务提供商把由多台服务器组成的云基础设施，作为计量服务提供给用户，为用户提供计算机基础设施服务，它处于最底层。IaaS 将主存储器、输入输出（Input/Output，I/O）设备、存储能力和计算能力整合成一个虚拟的资源池，为整个业界提供所需要的存储资源和虚拟化服务器等服务。这是一种托管型硬件方式，用户付费使用云服务提供商的硬件设施。IaaS 的优点是用户按需租用相应计算能力和存储能力，大大降低了用户在硬件上的开销，如 Amazon S3、Zimory 等。

（2）平台即服务。

平台即服务（Platform as a Service，PaaS）通常也被称为中间件，其把开发环境作为一种服务来提供。这是一种分布式平台服务，云服务提供商提供开发环境、服务器平台、硬件资源等服务给用户，用户在其平台基础上定制开发自己的应用程序并通过其服务器和互联网传递给其他用户。PaaS 能够给企业或个人提供研发的中间件平台，提供应用程序开发、数据库、应用服务器、试验、托管及应用服务，如 Google App Engine、Force.com 等。

（3）软件即服务。

软件即服务（Software as a Service，SaaS）是指云服务提供商将应用软件统一部署在自己的服务器上，用户根据需求通过互联网向云服务商订购应用软件服务，云服务提供商根据用户所订软件的数量、时间的长短等因素收费，并且通过浏览器向用户提供软件的模式。SaaS 的优势是由云服务提供商来维护和管理软件、提供软件运行的硬件设施，用户只需拥有能够接入互联网的终端即可随时随地使用软件。这样用户不再像传统模式那样花费大量资金在硬件、软件和维护上,只需要支出一定的租赁服务费用,通过互联网就可以享受到相应的硬件、软件和维护服务,这是网络应用中最具效益的运营模式之一,如 Salesforce CRM、Google Docs 等。

3.2.4 云计算的关键技术

云计算的关键技术包括虚拟化技术、自动化管理技术、大数据处理技术、能耗管理技术、安全与隐私保护技术、容器技术和边缘计算技术。

1. 虚拟化技术

虚拟化技术是云计算的核心技术之一。它通过将物理资源(如处理器、主存储器等)虚拟化成多个逻辑资源,从而实现资源的共享和灵活分配。虚拟化技术可以提高资源利用率,降低资源成本,并且使应用可以在不同的虚拟机实例中运行,从而实现高可用性和可伸缩性。从表现形式上看,虚拟化技术分为两种应用模式:①将一台性能强大的服务器虚拟成多个独立的小服务器,服务不同的用户;②将多个服务器虚拟成一个强大的服务器,完成特定的功能。这两种模式都有比较多的应用,它们的核心都是统一管理,动态分配资源,提高资源利用率。

2. 自动化管理技术

自动化管理技术也是云计算的核心技术之一。它通过自动化部署、监控、维护和优化云计算环境,提高管理效率和资源利用率。自动化管理技术包括自动化配置、自动化扩展、自动化备份等。该技术可以提高 IT 部门的效率,降低运维成本,同时提高应用的可靠性和可用性。

3. 大数据处理技术

大数据处理技术是云计算应用的重要技术之一。它通过分布式存储和处理大规模数据,实现数据的快速分析和挖掘。大数据处理技术包括大数据开源技术(如 Hadoop、Spark 等)和商业化的云计算服务(如 Amazon EMR、Google BigQuery 等)。该技术可以帮助企业实现数据驱动的决策和业务模式创新。

4. 能耗管理技术

云计算具有低成本、高效率等优点。它带来了巨大的规模经济效益,提高了资源利用效率,同时节省了大量能源。但随着其规模的增大,云计算本身的能耗问题越来越不可忽视。优化网络结构,升级网络设备,增加节能模式,进而在保持性能的同时降低能耗,节省大量能源,因此,能耗管理技术已经成为云计算必不可少的关键技术。

5. 安全与隐私保护技术

云计算环境中的数据和应用存在较高的风险,因此安全与隐私保护技术成为云计算发展的重要技术之一。安全与隐私保护技术包括数据加密、身份认证、访问控制等。该技术可以帮助企业保护数据安全和隐私,并确保其在云计算环境中的合规性。据调查数据显示,信息安全已经成为阻碍云计算发展的最主要原因之一,云安全成了进一步部署云计算环境的最大障碍。因此,为了使云计算能够长期稳定、快速发展,信息安全是首要解决的问题。

6. 容器技术

容器技术是云计算环境中快速部署和管理应用的重要技术之一。容器技术通过将应用和其依赖项打包到容器中,实现快速部署和迁移。容器技术可以提高应用的可移植性和可扩展性,同时降低了应用部署和管理的成本。

7. 边缘计算技术

边缘计算技术是云计算中的新兴技术,通过在距离用户最近的边缘设备上进行数据分析和处理,提高应用的响应速度和安全性。

3.2.5 云计算的特点

1. 超大规模

云计算具有相当大的规模,能给予用户前所未有的计算能力。一个企业云可以有几十万甚至数百万台服务器,一个小型的私有云也可拥有数百甚至数千台服务器。例如:全球知名云服务提供商阿里云有超过 100 万台服务器,拥有超过 2500 万个付费用户,分布在全球 29 个公有云地域和 88 个可用区,提供超过 200 种云产品和服务,其服务范围涵盖政府、金融、医疗、制造等行业。

2. 虚拟化

虚拟化突破了时间、空间的界限,是云计算最为显著的特点。虚拟化技术包括应用虚拟和资源虚拟两种。众所周知,云计算的物理平台与应用部署的环境在空间上是没有任何联系的,云计算是通过虚拟平台对相应终端进行操作完成数据备份、迁移和扩展等。

3. 高可靠性

云计算使用了数据多副本容错、计算节点同构可互换等措施来保障服务的高可靠性,使云计算不仅具有高效的运算能力,还比使用本地计算机更可靠。

4. 按需服务

云计算是一个庞大的资源池。云计算平台能够根据用户的需求快速配备计算能力及资源,使其可以像水、电、煤气和电话那样按照使用量进行计费。

5. 高可伸缩性

用户可以利用应用软件的快速部署条件来更为简单快捷地将自身所需的已有业务及新业务进行扩展,即云计算的规模可以根据其应用的需要进行动态伸缩,可以满足用户和应用大规模增长的需要。

6. 通用性

云计算不针对特定的应用，在云计算的支撑下可以构造出千变万化的应用，同一个云计算可以同时支撑不同的应用运行。

7. 低成本

由于云计算的特殊容错措施可以采用极其廉价的节点来构成，云计算的自动化集中式管理使大量企业无须负担日益高昂的数据中心管理成本。云计算的通用性使资源的利用率比传统系统大幅提升。因此，用户可以充分享受云计算的低成本优势和超额的云计算资源与服务，经常只要花费几百美元就能完成以前需要花费数万美元才能完成的任务。

3.2.6 云计算的应用

近年来，云计算被广泛应用于医疗、金融、教育、制造、零售与电子商务、媒体与娱乐等领域。

1. 医疗

在医疗领域，通过云计算、5G、大数据、物联网等计算机新技术，结合医疗技术，来建立一个完整的医疗健康服务云平台，能更好地整合医疗信息，实现医疗资源的共享和医疗范围的扩大，给人们提供更好的医疗服务。

2. 金融

在金融领域，利用云计算的模型，将信息、金融和服务等功能分散到由庞大分支机构构成的云计算平台中，为银行、保险和基金等金融机构提供云计算处理和运行服务，并共享互联网资源，从而解决现有问题，达到高效、低成本的目标。例如：阿里巴巴、苏宁、腾讯等企业均推出了各自的金融云服务。

3. 教育

在教育领域，通过云计算将所需要的教育硬件资源虚拟化，然后将其传入互联网中，这样可以更好地整合教育资源，为教育机构、学生和老师提供一个更好、更方便、更快捷的教育云服务平台。例如：慕课网、中国大学MOOC、学堂在线等都是教育云的应用。

4. 制造

云计算可以帮助制造企业管理生产数据和生产流程，提高生产效率和质量。例如：制造企业可以利用云计算进行生产计划和物流管理，实现供应链的优化和协同。

5. 零售与电子商务

云计算可以为零售与电子商务企业提供数据处理和存储能力，帮助企业管理库存、订单和用户数据等。例如：电子商务企业可以利用云计算存储和处理大量的订单数据和用户数据，并在云计算平台上部署和运行电子商务应用程序，以便为用户提供更好的服务。

6. 媒体与娱乐

云计算可以帮助媒体与娱乐企业存储和处理大量的媒体数据(如音乐、视频和游戏等)。例如：流媒体平台可以利用云计算存储和传输大量的视频数据，并在云计算平台上部署和运行视频应用程序，以便为用户提供更好的娱乐体验。

3.3 大数据

3.3.1 大数据的概念

大数据(big data)的定义有很多种。

麦肯锡公司(McKinsey & Company)对大数据的定义：大数据是指一种规模大到在采集、存储、管理、分析方面大大超出了传统数据库软件能力的数据集。

国际权威研究机构 Gartner 对大数据的定义：大数据是指需要新处理模式才能具有更强的决策力、洞察力和流程优化能力的海量、高增长率和多样化的信息资产。

百度百科对大数据的定义：大数据称巨量资料，是指所涉及的资料规模巨大到无法通过主流软件，在合理的时间内达到撷取、管理、处理并整理成帮助企业经营决策提供更积极目的的资讯。

维基百科对大数据的定义：大数据又称为巨量数据、海量数据、大资料，是指所涉及的数据量规模巨大到无法通过传统数据处理应用软件，在合理时间内达到获取、管理、处理并整理成人们所能理解的信息。

3.3.2 大数据的特征

大数据通常具有5个特征(5V特征)：数据量大(Volume)、数据类型多(Variety)、价值密度低(Value)、处理速度快(Velocity)和数据准确可靠(Veracity)。

1. 数据量大

大数据的首要特征就是数据量大。在二十几年前的 MP3 时代，存储单位为 MB 的 MP3 就可以满足人们的需求。然而，随着信息技术的快速发展，存储单位从过去的 MB 到 GB 再到 TB 乃至 PB、EB、ZB。2012 年全球数据量大概有 2.7ZB，根据著名咨询机构互联网数据中心(Internet Data Center, IDC)的预计，人类社会产生的数据还在以每两年翻一番的速度增长。

2. 数据类型多

随着信息技术的快速发展，数据来源变得更加广泛，使数据形式也呈现了多样性。根据数据是否具有一定的模式、结构和关系，数据的类型主要分为结构化数据、半结构化数据和非结构化数据。数据具体表现为网站用户日志、图片、音频、视频等。多类型的数据对数据的处理能力提出了更高的要求。

3. 价值密度低

大数据的核心特征是价值。随着互联网技术、传感技术及新兴社交媒体技术的迅猛发展，数据量呈井喷式增长，但是海量数据中有价值的数据占的比例很小，即价值密度较低。如何从大量不相关的各种类型的数据中挖掘出对未来趋势与模式预测分析有价值的数据，并通过机器学习、人工智能、数据挖掘等方法深度分析，发现新规律和新知识，进而应用于医疗、金融、服务业、农业等领域，是大数据时代亟待解决的难题。

4. 处理速度快

与传统的数据挖掘相比，大数据最显著的特征是处理速度快、时效性要求高。面对快速增长的数据，大数据要求有较快的处理速度及较高的时效性。在数据处理速度方面，大数据有一个著名的"1秒定律"，即要求在秒级时间内给出分析处理结果，否则数据就失去价值了。

5. 数据准确可靠

数据的重要性在于对决策的支持，数据的规模并不能决定其是否能为决策提供帮助，但数据的准确可靠性能为制定成功的决策提供最坚实的基础。因此，追求准确可靠的数据是大数据的一项重要要求和挑战。

3.3.3 大数据的关键技术

大数据的关键技术包含大数据采集技术、大数据预处理技术、大数据存储与管理技术、大数据分析与挖掘技术等。

1. 大数据采集技术

大数据采集技术主要是通过射频识别（Radio Frequency Identification，RFID）技术、传感技术、移动互联网技术及新兴社交网络技术等获得各种类型的海量数据。

2. 大数据预处理技术

大数据预处理是指对数据进行分析之前，先对采集到的原始数据进行辨析、抽取、清洗、填补、平滑、合并、规格化、一致性检查等一系列操作，其目的是提高数据的质量，为后期数据分析工作奠定基础。大数据预处理技术主要包括四部分：数据清理、数据集成、数据转换、数据规约。

3. 大数据存储与管理技术

大数据存储与管理的主要目的是用存储器，以数据库的形式将采集与预处理后的数据存储起来，并进行管理和调用，重点解决结构化、半结构化与非结构化数据的管理与处理技术。

4. 大数据分析与挖掘技术

大数据分析是指改进已有的数据挖掘和机器学习技术，开发出新型数据挖掘技术来对海量数据进行分析。数据挖掘就是从海量、不完整、有噪声、模糊、随机的现实数据中提取隐含在其中事先未知但又具有潜在价值的信息的过程。大数据分析与挖掘主要是从可视化分析、数据挖掘算法、预测性分析、语义引擎、数据质量管理等方面,对杂乱无章的数据进行抽取、提炼和分析的过程。

3.3.4 大数据的应用

随着互联网和物联网的发展,大量数据被不断地产生和积累,大数据的应用领域也越来越广泛。大数据已广泛应用于金融、医疗、零售与电子商务、交通运输、教育等领域。

1. 金融

在金融领域,大数据可以帮助银行和金融机构进行风险管理、客户分析、信用评估等,同时也可以帮助金融机构优化运营和提高服务质量。

2. 医疗

大数据在医疗领域的应用越来越广泛。医疗机构可以利用大数据进行疾病预测、诊断和治疗方案的优化等,同时还可以帮助医疗机构进行资源调配和管理。

3. 零售与电子商务

在零售与电子商务领域,大数据可以帮助企业分析客户行为、进行精准营销和推荐、优化供应链和库存管理等,从而提高企业的运营效率和盈利能力。

4. 交通运输

在交通运输领域,大数据可以帮助交通运输部门进行交通信号控制、交通事故预测、交通模拟和优化、交通数据分析、智能导航、车辆追踪、交通违章处罚等,使交通运输部门更好地管理道路交通,更好地保障运输通畅。

5. 教育

在教育领域,大数据可以帮助教育机构进行学生评估、课程设计和教学优化等任务,同时还可以帮助教育机构进行学生管理。例如:根据学生的校园消费记录、教务系统的成绩、门禁系统的考勤等数据,进行精准助学补助。

3.4 物联网

3.4.1 物联网概述

1. 物联网的定义

物联网(Internet of Things,IoT)即万物相连的互联网,其起源于传媒领域,是一个基于互联网、传统电信网等的信息承载体,是信息产业发展的第三次革命。物联网是指通过射频识别技术、全球定位系统、红外感应器、激光扫描器等各种信息传感设备,按照约定的协议,将任何物品与互联网结合起来,形成一个巨大的网络。物联网通过人、机、物在任何时间、任何地点的互联互通,以实现智能化感知、识别、定位、跟踪和管理等功能。

2．物联网的基本特征

物联网具有全面感知、可靠传递、智能处理和综合应用这四个基本特征。

(1) 全面感知。

全面感知是指利用信息传感器、射频识别、二维码、条形码和定位器等手段随时随地采集和获取物体的信息,实现数据采集的多样化、多点化、多维化和网络化。

(2) 可靠传递。

物联网的基础和核心是互联网,其是在互联网基础上延伸和拓展的一种网络。可靠传输是指通过各种接入网络与互联网的融合,建立物联网内物体间的广泛互联互通,形成"网中网"的形态,将物体的信息实时、可靠、准确地传输。

(3) 智能处理。

智能处理是指利用云计算、模糊识别和数据融合等各种智能计算技术,对海量数据进行分析和处理及对物体实施智能化的控制。

(4) 综合应用。

综合应用是根据各种业务、各个行业的具体特点,形成各种单独的业务应用或者整个行业系统的建设应用方案。

3．物联网的分类

物联网的分类标准有很多种,按照服务范围可以将物联网分为私有物联网、公有物联网、社区物联网和混合物联网。

(1) 私有物联网(Private Internet of Things)。

私有物联网一般是指面向单一机构内部提供服务的物联网。

(2) 公有物联网(Public Internet of Things)。

公有物联网是指以互联网为载体向公众或大型用户群体提供服务的物联网。

(3) 社区物联网(Community Internet of Things)。

社区物联网是指向特定关联的"社区"或机构群体(如公安局、学校、交通运输局、市场监督管理局、生态环境局、城市管理局等)提供服务的物联网。

(4) 混合物联网(Hybrid Internet of Things)。

混合物联网是指将上述两种或者两种以上的物联网组合起来,其后台有统一的运营维护实体。

3.4.2 物联网的关键技术

物联网涉及的技术有很多,其中关键技术主要包括射频识别技术、传感技术、无线网络技术、人工智能技术和云计算技术。

1．射频识别技术

射频识别技术相当于物联网的"嘴巴",是物联网中"让物体开口说话的"的一种通信技术,通过无线网络识别特定目标并读写相关数据。射频识别技术主要的表现形式是 RFID 标签,它具有抗干扰性强、识别速度快、安全性高、数据容量大等优点。

2．传感技术

传感技术相当于物联网的"耳朵"。在物联网中,传感器主要负责接收物体"说话"的内容。

3．无线网络技术

物联网中物体与物体进行无障碍地交流,离不开高速、可进行大批量数据传输的无线网络,且无线网络的速度决定了设备连接的速度和稳定性。

4．人工智能技术

人工智能与物联网是密不可分的。人工智能相当于物联网的"大脑",其主要负责将物体"说话"的内容进行分析,从而使物体实现智能化。

5．云计算技术

云计算也相当于物联网的"大脑",物联网的发展离不开云计算的支持。云计算提供动态的、可伸缩的、虚拟化资源的计算模式,可实现对海量数据的存储和计算,具有非常强大的计算能力。

3.4.3　物联网的应用

物联网的应用领域非常广泛,涉及各行各业,大致集中在智慧城市、智能交通、智能家居、智能医疗、智能农业等领域。

1．智慧城市

智慧城市是指利用以移动技术为代表的物联网、云计算等新一代信息技术及社交网络、全媒体融合等技术感测、分析、整合城市运行核心系统的各项关键信息,从而对民生、环境保护、公共安全、城市服务、工商业活动等的各种需求做出智能响应,为人类创造更美好的城市生活。

2．智能交通

智能交通系统是将互联网技术、数据通信传输技术、数据处理技术、控制技术、云计算技术和物联网技术等有效地集成,并应用于整个交通系统中,建立起能够在更大的时空范围内全方面发挥作用的、实时、准确、高效的综合交通体系。智能交通具体应用在自动驾驶汽车、智能公交车、共享单车、共享电动汽车、车联网、充电桩、智慧停车等方面。

3．智能家居

智能家居是指通过物联网技术将与家居生活相关的各种设备(如安防系统、网络家电、空调控制、照明系统等)连接起来,构建高效的住宅设施与家庭日程事务管理系统,让家居生活更舒适、更方便、更安全、更智能化。

4. 智能医疗

智能医疗是指利用先进的物联网技术,通过将与患者相关的数据(如病史、药物治疗和过敏症、实验室检测结果和年龄)进行数字化集成,打造健康档案区域医疗信息平台,实现患者与医务人员、医疗机构、医疗设备之间的互动,逐步实现智能信息化,大大提高了医疗服务的质量和有效性。

5. 智能农业

智能农业是通过部署各种无线传感器,实时地采集智慧农场现场的环境温湿度、光照、土壤水分、土壤肥力、二氧化碳等信息,利用无线网络实现农业生产环境的智能感知、智能预警、智能决策、智能分析和专家在线指导,为农业生产提供精准化种植、可视化管理和智能化决策。

3.5 虚拟现实和增强现实

3.5.1 虚拟现实概述

虚拟现实(Virtual Reality,VR)是由美国 VPL Research 公司创始人杰伦·拉尼尔(Jaron Lanier)于 20 世纪 80 年代初提出的,也称之为人工现实,其采用计算机图形技术、计算机仿真技术、人工智能技术、传感技术、显示技术、网络并行处理技术等生成逼真的视觉、听觉、触觉、味觉等一体化的虚拟环境,使用户借助一些特殊的输入输出设备,能以自然的方式与虚拟世界中的物体进行交互、互相影响,从而使人和计算机很好地"融为一体",给人一种"身临其境"的感受和体验。

VR 是一种前沿科学技术,具有沉浸性、交互性、多感知性、构想性和自主性等特征,且大致可以分成四种类型:桌面式虚拟现实、沉浸式虚拟现实、增强式虚拟现实和分布式虚拟现实。近年来,随着计算机技术、人机交互技术、计算机图形技术、计算机仿真技术、人工智能、传感技术、显示技术等的快速发展与深度融合,VR 正在逐步渗透到各个应用领域。

3.5.2 虚拟现实的发展历程

虚拟现实的演变发展大体上可以分为四个阶段。

1. 虚拟现实的萌芽阶段(1963 年以前)

1935 年,美国科幻小说家斯坦利·温鲍姆(Stanley Weinbaum)在他的小说中首次构想了以眼镜为基础,涉及视觉、触觉、嗅觉等全方位沉浸式体验的虚拟现实概念,被认为是首次提出虚拟现实这一概念。

2. 虚拟现实的探索阶段(1963—1972 年)

1968 年,美国计算机图形学之父、著名计算机科学家 Ivan Sutherland 研制成功了带跟踪的头盔式立体显示器Sutherland，是虚拟现实发展史上一个重要的里程碑。不过由于当时硬件技术限制，导致Sutherland相当沉重，根本无法独立穿戴，必须在天花板上搭建支撑杆，否则无法正常使用。但Sutherland的诞生，标志着头戴式虚拟现实设备与头部位置追踪系统的诞生，为虚拟现实基本思想的产生和理论发展奠定了基础。Ivan Sutherland也因此被称为虚拟现实之父。

3. 虚拟现实概念和理论产生的初步阶段（1972—1990年）

这一时期主要有两个比较典型的虚拟现实系统：VIDEOPLACE和VIEW。Myron Krueger设计的VIDEOPLACE系统，可以产生一个虚拟图形环境，使体验者的图像投影能实时地响应自己的活动。Michael Greevy领导完成的VIEW系统，是让体验者戴上数据手套和头部跟踪器，通过语言、手势等交互方式，形成虚拟现实的系统。

4. 虚拟现实理论的完善和应用阶段（1990年至今）

在这一阶段，虚拟现实从研究型阶段转向应用型阶段，广泛应用于科研、航空、医疗、军事等人类生活的各个领域中。

3.5.3 虚拟现实的关键技术

虚拟现实的关键技术主要包括以下几点。

1. 动态环境建模技术

动态环境建模技术包括实际环境三维数据获取技术、非接触式视觉技术等。虚拟环境的建立是VR系统的核心内容，目的是获取实际环境的三维数据，并根据应用的需要建立相应的虚拟环境模型。

2. 实时三维图形生成技术

三维图形生成技术目前比较成熟，利用计算机模型生成图形并不困难，但关键是要求实时产生。

3. 立体显示和传感技术

VR的交互能力依赖于立体显示和传感技术的发展，现有的设备不能满足其需求。立体显示和传感技术包括头盔式三维立体显示器、数据手套、力学和触觉传感技术。力学和触觉传感技术的研究需进一步深入，VR设备的跟踪精度和跟踪范围也有待提高。

4. 应用系统开发技术

VR应用的关键是寻找合适的场合和对象。选择适当的应用对象可以大幅度地提高生产效率、减轻劳动强度、提高产品质量。为此，必须研究VR的开发工具，如VR系统开发平台、分布式VR技术等。

5. 系统集成技术

VR系统中包括大量的感知信息和模型，故系统集成技术是虚拟环境中的重中之重。

该技术包括信息同步、模型标定、数据转换、数据管理、语音识别与合成等技术。

3.5.4 增强现实概述

增强现实(Augmented Reality,AR)是在虚拟现实的基础上发展起来的新兴技术,是一种实时地计算摄影机影像的位置及角度并加上相应图像、视频、3D 模型的技术,是一种将真实世界信息和虚拟世界信息"无缝"集成的新技术。这种技术的目标是在屏幕上将虚拟世界融合在现实世界中并进行互动。体验着除了看清楚自己的世界,还可以亲身体验其他人的世界,这就是 AR 技术带来的冲击效果之一。这种技术最早于 1990 年提出。随着随身电子产品运算能力的提升,AR 的用途会越来越广。

3.5.5 增强现实的技术特征

AR 技术一般具有虚实结合、实时交互和三维注册三个技术特征。

1. 虚实结合

虚实结合,即真实世界和虚拟世界的信息集成,是指将虚拟信息同真实场景进行融合。目前,AR 系统实现虚实融合显示的主要设备一般分为头盔显示式、手持显示式及投影显示式等。按照实现原理大致分为光学透视、视频透视和光场投射三种。光学透视和视频透视已经分别应用在了 AR 头盔和手机上。光场投射则相对前沿,实现难度很高,但预期的最终效果更好。

2. 实时交互

实时交互是指为了让用户更方便地操控 AR 设备,除了传统的输入输出设备之外,手势、语音甚至眼球追踪都能用于 AR 设备的交互。目前,AR 系统中的交互方式主要有外接设备、特定标志及徒手交互三大类。

3. 三维注册

三维注册是指在三维空间中增添定位虚拟物体,让 AR 设备了解现实场景中关键物体的位置并对位置的变化进行跟踪,确定所需要叠加的虚拟信息在投影平面中的位置,并将这些虚拟信息实时显示在屏幕中的正确位置,完成三维注册。三维注册技术是实现移动增强现实应用的基础技术,也是决定移动增强现实应用系统性能的关键。因此,三维注册技术一直是移动增强现实系统研究的重点和难点。

3.5.6 虚拟现实和增强现实的应用

VR 和 AR 技术的应用场景非常广泛,可以为各个行业和领域带来更加智能、高效、安全的工具和体验,同时也带来了创新和发展的机遇。下面列举几个 VR 和 AR 技术的主要应用领域。

1. 娱乐

VR 和 AR 技术可以为娱乐行业带来更加真实、沉浸式的体验。例如:虚拟现实游戏

Beat Saber、Minecraft VR 版让玩家在虚拟空间"身临其境"地体验游戏；增强现实游戏 Pokemon Go 可以让玩家在真实世界中捕捉虚拟精灵并与其他玩家互动。

2．教育与培训

VR 和 AR 技术可以为教育与培训行业提供更加直观、生动的学习体验。例如：利用 VR 技术，学生可以"身临其境"地参观历史遗迹，探索地球上的各个角落或者参与到一个虚拟实验室中进行科学实验。这种教育体验可以提供更加生动、真实的学习体验，帮助学生更好地理解和掌握知识。此外，利用 VR 技术可以在虚拟环境中进行各种员工培训（如模拟紧急情况下的应急处理、模拟危险场景下的操作流程等）。这种虚拟模拟可以提供更加安全、高效的培训体验，也可以帮助员工更好地掌握技能。利用 AR 技术，学生可以在现实环境中进行实践应用。例如：通过 AR 技术实现交互式语言学习，或者通过 AR 技术实现三维解剖学学习。这种实践应用可以让学生更好地理解和掌握知识，也可以为学生提供更加生动、有趣的学习体验。

3．建筑与房地产

VR 和 AR 技术可以为建筑与房地产行业提供更加直观、实用的设计和展示效果。例如：房屋装修设计师可以利用 VR 技术在虚拟环境中实现房屋的装修设计，包括墙面、地面、家具、灯光等方面。这种虚拟设计可以帮助设计师更好地理解客户的需求，也可以提供更加生动、直观的设计方案，让客户更容易做出决策。建筑施工人员可以利用 AR 技术在现实环境中实现施工导航，包括指导施工、检查质量、修复问题等方面。这种 AR 导航可以提高施工效率，减少施工错误，也可以提供更加直观、高效的工作方式。

4．医疗与康复

VR 和 AR 技术可以为医疗与康复行业提供更加精准、安全的治疗与康复训练方案。例如：医生可以通过虚拟手术来增加手术的熟练度，更好地理解手术，提高手术精度和效率，减少风险，还可以通过 AR 技术进行手术步骤提示和导航。康复师可以通过 VR 技术为病人进行康复训练等。

5．旅游与文化

VR 和 AR 技术可以为旅游与文化行业提供更加丰富、多样的体验和交互方式。例如：敦煌莫高窟文化遗产保护，通过 AR 技术进行数字化保存和重建，可以为后代提供更加真实和直观的文化遗产体验；为了让游客提前了解目的地文化和历史而提供虚拟旅游体验，给游客更加丰富和安全的旅游体验。

6．工业与制造

VR 和 AR 技术可以为工业与制造行业提供更加高效、智能的生产和维护工具。例如：VR 工艺仿真、AR 维修指导、AR 零件识别等，可以提高生产效率和质量，减少故障修复时间和事故发生率。

7. 零售

在零售行业中,VR 和 AR 技术也有广泛的应用,如虚拟试衣间、虚拟购物店、AR 促销、虚拟导购等。

3.6 区块链

3.6.1 区块链的概念

区块链(Block Chain)起源于比特币。2008 年 11 月 1 日,中本聪(Satoshi Nakamoto)在发表的论文"Bitcoin:A Peer-to-Peer Electronic Cash System"中首次提出了比特币的概念,目前关于区块链的定义仍没有统一。

维基百科对区块链的定义:区块链是一个分布式的账本,区块链网络系统去中心地维护着一条不停增长的有序的数据区块,每一个数据区块内都有一个时间戳和一个指针,指向上一个区块,一旦数据上链之后便不能更改。

中国区块链技术和产业发展论坛对区块链的定义:区块链是分布式数据存储、点对点传输、共识机制、加密算法等计算机技术的新型应用模式。

数据中心联盟对区块链的定义:区块链是一种由多方共同维护,使用密码学保证传输和访问安全,能够实现数据一致存储、无法篡改、无法抵赖的技术体系。

3.6.2 区块链的基本特征

区块链具有以下基本特征。

1. 去中心化

去中心化是区块链最突出、最本质的特征。在区块链中,没有中心化的硬件或机构,任何参与者都是一个节点,任意节点的权限都是相同的。

2. 开放性

区块链系统是开放的,除了对交易各方的私有信息进行加密,区块链中的数据对所有人公开。任何人都能通过公开的接口,对区块链中的数据进行查询,并能开发相关应用。因此,整个系统的信息高度透明。

3. 独立性

区块链采用基于协商一致的规范和协议,使系统中的所有节点都能在去信任的环境中自由安全地验证、交换数据,让对人的信任改成对机器的信任。任何人为的干预都无法发挥作用。

4. 防篡改性

任何人要修改区块链里面的数据,必须要同时控制区块链系统中 51% 以上的节点才能修改区块链中的数据，但这个难度非常大。这使区块链本身变得相对安全，避免了主观人为的数据变更。

5．匿名性

由于区块链的技术解决了信任问题，所有节点能够在去信任的环境下自动运行，因此各区块节点的身份信息不需要公开或验证，信息可以匿名传递。

3.6.3　区块链的关键技术

1．分布式账本

分布式账本是指交易记账由分布在不同地方的多个节点共同记录账本数据，而且参与的节点各自拥有独立的、完整的账本数据，人人可以参与，并具有相同的权力。分布式账本本质上是一个分布式数据库，在区块链中起到了数据储存的作用。

分布式账本与传统分布式存储的区别在于：①区块链中每个节点都按照块链式的结构存储完整的数据；而传统分布式存储一般是将数据按照一定的规则分成多份进行存储。②区块链中每个节点的存储都是独立的、地位等同的，依靠共识机制保证存储的一致性；而传统分布式存储一般是通过中心节点往其他备份节点同步数据。

2．共识机制

为了保证节点愿意主动去记账，区块链形成了一个重要的共识机制，这种共识机制也被称为区块链的灵魂。共识机制是指定义共识过程的算法、协议和规则，具有少数服从多数和人人平等的特点。目前，区块链提出了四种不同的共识机制，即算法机制、权益证明机制、委托权益证明机制和分布式一致性算法。

3．密码学

在区块链中，交易信息是公开的，但信息的传播是按照公钥、私钥这种非对称数字加密技术实现的。公钥和私钥都经过哈希算法和椭圆曲线算法等多重转化而形成的，字符都比较长且复杂，因此比较安全。

4．智能合约

智能合约的概念由 Nick Szabo 于 1995 年首次提出。智能合约是一种旨在以信息化方式传播、验证或执行合同的计算机协议，是一套以数字形式定义的承诺，包括合约参与方可以在上面执行这些承诺的协议。合约的参与双方规定合约，将达成的协议提前安装到区块链系统中，合约开始执行后，不能修改。智能合约可以解决日常生活中常见的违约问题。

3.6.4　区块链的类型

区块链大致可以分为公有区块链、私有区块链和联盟区块链三类。

1．公有区块链

公有区块链（Public Blockchains）是最早的区块链，也是应用最广泛的区块链。公有区块链是指任何人都可以加入和参与的区块链,如比特币。但是,公有区块链需要大量计算,交易的隐私性极低甚至没有,安全性弱。

2．私有区块链

私有区块链(Private Blockchains)是一个去中心化的点对点网络,仅仅使用区块链的总账技术进行记账。整个网络可以是个人也可以是一个公司,由其控制允许谁参与网络、执行共识协议和维护共享分类账。

3．联盟区块链

联盟区块链又称为行业区块链(Consortium Blockchains),是指由某个群体内部指定多个预选的节点为记账人,每个块的生成由所有的预选节点共同决定,其他接入节点可以参与交易,但不过问记账过程。其他人可以通过该区块链开放的应用程序接口(Application Program Interface,API)进行限定查询多个组织,可以分担维护区块链的责任。

3.6.5 区块链的应用

区块链技术可以应用于许多领域,带来更高的可追溯性、安全性和透明度。它是一种具有巨大潜力的技术,并且可以用于多个领域的创新和改进。下面列举几个不同领域应用的例子。

1．金融

区块链技术作为一种去中心化的分布式数据库技术,可以被用于构建去中心化的数字货币,如比特币和以太坊。此外,它也可以用于金融交易、支付结算和资产管理等方面。区块链技术的去中心化特性,使金融交易更加安全,去除了中间人和机构的干涉和风险,并且大大减少了交易成本和时间。

2．物联网

随着物联网设备数量的增加,数据的保护和安全变得越来越重要。区块链技术可以被用于物联网设备之间的安全数据传输和交换,可以保护设备和数据的安全,防止数据篡改和信息泄露。

3．物流与供应链管理

在物流和供应链管理领域,区块链技术可以提高可追溯性和透明度。它可以帮助企业跟踪产品和物流信息,并保证供应链上每一步操作的可追溯性和透明度。这可以帮助消费者更好地了解产品来源和生产过程,促进企业间的合作和信任。

4．版权保护

在数字时代,数字版权的保护变得越来越重要。区块链技术可以被用于记录版权信息和交易记录,并确保数字内容不会被篡改或盗用。这可以帮助创作者和知识产权所有者更好地保护自己的权益。

5. 社交媒体

随着社交媒体平台的发展,用户数据的安全和隐私变得越来越重要。区块链技术可以被用于建立去中心化的社交媒体平台。这些平台可以保护用户的隐私和数据安全,并防止社交媒体平台操纵用户数据。这可以帮助用户更好地保护自己的隐私和权益。

6. 公共服务

区块链技术可以被用于公共服务的管理和交互,如投票、选举和政府服务等。区块链技术的去中心化和透明性,使公共服务更加公正、透明和高效。

3.7 5G

3.7.1 5G 概述

自 20 世纪 80 年代移动通信诞生以来,经过了几十年的爆发式增长,已经成为连接人类社会的基础信息网络。第五代移动通信技术,简称 5G,是基于 4G、3G 和 2G 系统的延伸,也是最新一代蜂窝移动通信技术。5G 的性能目标是提高数据速率、减少延迟、节省能源、降低成本、提高系统容量和大规模连接设备。目前,5G 已成为全球各国竞相发展的热点问题之一。

3.7.2 5G 的基本特点

5G 具有高速率、泛在化、低功耗、低时延、万物互联和重构安全体系这六个基本特点。

1. 高速率

高速率是 5G 区别于 4G 最显著的特点,会对相关业务产生巨大影响,也会带来新的商业机会。5G 网络速率被大大提高,使 VR 或超高清业务不受限制,这样才使对网络速率要求很高的业务被广泛推广和使用,从而大大提高了用户体验与感受。高速率的 5G 网络意味着用户可以每秒钟下载一部高清电影,也可能支持 VR 视频等。

2. 泛在化

随着业务的大力发展,5G 网络需要满足更高的需求,即网络业务需要无所不包,广泛存在。只有这样才能支撑日趋丰富的业务和复杂的场景。

泛在化有广泛覆盖和纵深覆盖两个层面的含义。广泛覆盖是指我们人类社会生活的各个地方都需要被覆盖到。例如:高山、峡谷以前不一定有网络覆盖,但到了 5G 时代,这些地方需要有网络覆盖。通过覆盖 5G 网络,可以大量部署传感器,进行环境、空气质量、地貌变化甚至地震的监测,这将非常有价值。纵深覆盖是指虽然已经有网络部署,但需要进入更高品质的深度覆盖。5G 的到来,可使以前网络品质不好的卫生间、地下停车场等都能用品质很好的 5G 网络。一定程度上,泛在化比高速率还重要,泛在化才是 5G 体验的一个根本保证。

3. 低功耗

5G要支持大规模的物联网应用，就必须考虑功耗的要求。近年来，可穿戴产品取得了一定的发展，但也遇到了很多瓶颈，最大的瓶颈是用户体验较差。例如：谷歌眼镜由于功耗太高，导致不能大规模使用，用户体验太差；智能手表使用几个小时就需要充电，导致用户体验太差。未来，所有物联网产品都需要通信与能源，虽然通信可以通过多种手段实现，但是能源的供应只能靠电池。通信过程若消耗大量的能量，就很难让物联网产品被用户广泛接受。如果能把功耗降下来，大部分物联网产品一周或一个月充一次电，将能大大改善用户体验，促进物联网产品的快速普及。目前，低功耗主要采用增强机器类型通信（enhanced Machine-Type Communication，eMTC）和窄带物联网（Narrow Band Internet of Things，NB-IoT）这两种技术来实现。

4. 低时延

5G应用的一个新场景是无人驾驶、工业自动化的高可靠连接。人与人之间进行信息交流，140毫秒的时延是可以接受的，但是如果这个时延用于无人驾驶、工业自动化就很难满足要求。5G对时延的最低要求是1毫秒，甚至更低，这个要求非常苛刻，却又是必需的。

5. 万物互联

传统通信中，终端是非常有限的。在固定电话时代，电话是按一定数量的人来定义的，如一个家庭一部电话，一个办公室一部电话。在手机时代，终端数量呈井喷式增长，手机是按个人应用来定义的。而在5G时代，终端不是按人来定义的，因为每个人可能拥有数个终端，每个家庭可能拥有上百个终端。此外，智能产品层出不穷，通过网络互相关联，形成真正的智能物联网世界。未来的人类社会，人们可能不再有上网的概念，联网将成为一种常态。

6. 重构安全体系

传统的互联网要解决的是信息速率、无障碍传输等问题。自由、开放、共享是互联网的基本精神，但是在5G基础上建立的是智能互联网，功能更为多元化，除了传统互联网的基本功能，还要建立起一种社会和生活的新机制与新体系。为此，智能互联网的基本精神也变成了安全、管理、高效和方便，而安全是5G时代智能互联网的首要要求。在5G的网络构建中，安全问题应该在底层就得到解决。在网络建设之初，就应该加入安全机制，网络并不应该是开放的，对于特殊的服务需要建立起专门的安全机制。随着5G的大规模部署，将会出现更多的安全问题，世界各国应就安全问题形成新的机制，建立起全新的安全体系。

3.7.3 5G的关键技术

5G的技术创新，主要来源于无线传输、无线接入和网络三方面。5G的关键技术大致分为无线传输技术、无线接入技术和网络技术三类。

1. 无线传输技术

（1）大规模多天线技术。

2010年底，贝尔实验室的Thomas提出了5G中的大规模多天线（massive Multiple-

Input Multiple-Output，massive MIMO）的概念。大规模多天线技术是一种大规模的多输入多输出（Multiple-Input Multiple-Output，MIMO）技术。MIMO 技术是目前无线通信领域一个重要的研究项目，通过在基站和终端智能地使用多根天线，发射或接收更多的信号空间流，能显著地提高信道容量；通过智能波束成型，将射频的能量集中在一个方向上，可提高信号的覆盖范围。大规模多天线技术就是采用大规模的天线，目前 5G 主要采用 64×64 的 MIMO。大规模多天线技术可大幅提升无线容量和覆盖范围，但面临信道估计准确性（尤其是高速移动场景）、多终端同步、功耗和信号处理的计算复杂性等挑战。

（2）毫米波。

在移动通信中，信号频率越高，能传输的信息量越大，能体验到的网速也更快。5G 技术首次将 24GHz 以上的频段（通常称为毫米波）应用于移动宽带通信。大量可用的高频段频谱可提供极致的数据传输速率和容量，但使用毫米波传输更容易造成路径受阻与损耗。通常情况下，毫米波传输的信号甚至无法穿透墙体，且还面临着波形和能量消耗等问题。

（3）同时同频全双工。

同时同频全双工技术被认为是 5G 的关键空中接口技术之一，是一种通过多重干扰消除实现信息同时同频双向传输的物理层技术。利用该技术，能够在相同频率同时收发信号，与现在广泛应用的频分双工技术和时分双工技术相比，同时同频全双工技术的频谱效率有望提升一倍。同时同频全双工技术能够突破频分双工技术和时分双工技术的频谱资源使用限制，使频谱资源的使用更加灵活。然而，同时同频全双工技术需要具备极高的干扰消除能力，这对干扰消除技术提出了极大的挑战，同时还存在相邻小区同频干扰的问题。在多天线及组网场景下，同时同频全双工技术的应用难度更大。

（4）D2D 通信技术。

设备到设备（Device-to-Device，D2D）通信技术是 5G 中的关键技术之一，是指数据传输不通过基站，而是通过一个移动终端设备与另一个移动终端设备直接通信，拓展了网络连接和接入方式。由于短距离直接通信，信道质量高具有减轻基站压力、提升系统网络性能、降低端到端的传输时延、提高频谱效率的潜力。目前，D2D 采用广播、组播和单播技术方案，未来将发展其增强技术，包括基于 D2D 的中继技术、多天线技术和联合编码技术等。

（5）信道编码技术。

5G 信道需要抗干扰能力强、能量利用率高、系统延迟低和频谱利用率高的编码方式。低密度奇偶校验码和极化码是 5G 信道编码的关键候选码。低密度有偶校验码有很好的抗干扰能力，但编译码复杂。极化码是一种前向纠错的编码方式，通过信道极化处理使各子信道的可靠性呈现不同趋势。极化码具有较低的编译码复杂度，但不如低密度有偶校验码的频带利用率高，且仅在码长较长时能够接近香农极限。因此，信道编码方式的选用还需综合这两种编码方式在不同码长情况下各自的优势来确定。

2．无线接入技术

多址接入是 5G 无线接入技术的具体形式，能够使多个用户在同一时间和频率资源上进行并行传输，是现代通信系统的关键特征之一。

5G 除了支持传统的正交频分多址（Orthogonal Frequency Division Multiple Access，OFDMA）技术外，还支持稀疏码分多址接入（Sparse Code Multiple Access，SCMA）、非正交

多址接入(Non-Orthogonal Multiple Access,NOMA)、图样分割多址接入(Pattern Division Multiple Access,PDMA)、多用户共享接入(Multi-User Shared Access,MUSA)等多种新型多址技术。

3．网络技术

(1) 网络功能虚拟化。

网络功能虚拟化(Network Function Virtualization,NFV)是通过IT虚拟化技术将网络功能软件化,并运行于通用硬件设备之上,以替代传统专用网络硬件设备。NFV将网络功能以虚拟机的形式运行于通用硬件设备之上,以实现配置的灵活性、可扩展性和移动性,并以此降低网络资本性支出和运营成本。NFV要虚拟化的网络设备主要有交换机、路由器等。

(2) 软件定义网络。

软件定义网络(Software Defined Network,SDN)是一种将网络基础设施层与控制层分离的网络设计方案,可实现集中管理,提高设计灵活性,还可引入开源工具,具备降低网络资本性支出和运营成本,以及激发创新的优势。

(3) 网络切片。

只有实现NFV和SDN后,才能实现网络切片。网络切片技术是基于NFV和SDN,将网络资源虚拟化,对不同用户、不同业务进行打包再分配资源,优化端到端的服务体验,具备更好的安全隔离特性。

(4) 多接入边缘计算。

多接入边缘计算(Multi-access Edge Computing,MEC)是位于网络边缘的、基于云的IT计算和存储环境。MEC是在网络边缘提供电信级的运算和存储资源,使业务处理本地化,从而更好地提供低时延、高宽带服务。

3.7.4　5G的应用

目前的5G技术是一项非常重要的创新型技术,具有广泛的应用前景。下面对5G技术的主要应用领域进行介绍。

1．车联网

5G技术应用于车联网领域,可提供更高速、更可靠的数据传输。5G技术能够使车辆实现高精度的定位、高速通信和远程控制,从而实现智能化驾驶和自动化驾驶。

2．工业制造

5G技术应用于工业制造领域,可提供低延迟、高速和可靠的数据传输。这使机器能够实现高效的生产和管理,从而提高企业的生产效率和降低成本。

3．医疗

5G技术应用于医疗等领域,可提供低延迟、高速和可靠的数据传输。这使医疗机构能够实现远程监控和远程治疗,从而提高医疗服务的质量和效率。

4. 媒体与娱乐

5G 技术应用于媒体与娱乐领域,可以提供更高速、更稳定的数据传输。这使用户能够更好地享受高清视频和虚拟现实体验,从而提升媒体和娱乐产业的发展和创新。

5. 教育

5G 技术应用于教育领域,可提供低延迟、高速和可靠的数据传输。在远程教育方面,学生和教师能够更真实、更实时地进行互动,从而提高教育的效率和质量。

6. 城市智能化

5G 技术应用于城市智能化领域,可提供低延迟、高速和可靠的数据传输。这使城市能够实现智能交通、智能安防、智能能源和智能环保等,从而提高城市的可持续发展和智能化水平。

3.8 生物计算

3.8.1 生物计算概述

生物计算技术是一种利用生物学系统或模拟生物学系统的计算方式来解决复杂计算问题的技术。与传统计算机使用的数字和逻辑方式不同,生物计算机使用生物学系统中的分子、细胞、器官和生物过程等来进行计算。

3.8.2 生物计算分类

生物计算技术主要分为两类:一类是使用生物分子进行计算的技术,如 DNA 计算、蛋白质计算和 RNA 计算等;另一类是利用生物过程和结构进行计算的技术,如脑计算、细胞计算和群体智能计算等。

1. DNA 计算

DNA 计算是最为成熟的生物计算技术之一。它利用 DNA 分子的序列和结构来进行计算,通过合成特定的 DNA 序列和结构来实现信息存储和逻辑运算。DNA 计算主要应用于密码学、生物信息学和分子医学等领域。

2. 脑计算

脑计算是一种被广泛研究的生物计算技术。它是一种基于神经元和神经网络系统的计算方式。脑计算利用大脑中的神经元和突触等结构来进行计算,通过模拟神经网络的结构和功能来实现智能计算。脑计算主要应用于机器学习和模式识别等领域。

3. 细胞计算

细胞计算是一种使用细胞和生物过程进行计算的技术。它基于细胞中的代谢、信号传递和基因表达等过程来进行计算。细胞计算主要应用于生物医学和生物制造等领域,如设计新型药物和生物材料等。

4．群体智能计算

群体智能计算是一种利用生物群体中的集体行为和适应性进化过程来进行计算的技术,如蚁群算法和人工免疫系统等。这种计算方式模仿了自然界中生物群体的集体行为和适应性进化过程,通过模拟这些生物过程来解决复杂的计算问题。

3.8.3 生物计算的关键技术

生物计算技术是一种新兴的计算技术,具有广阔的应用前景和研究价值。随着技术的不断发展和生物学研究的进一步深入,生物计算技术有望为解决某些重要的计算问题提供全新的思路和方法。生物计算技术包含多种不同的技术,其关键技术包括但不限于以下几方面。

1．分子生物学技术

分子生物学技术是生物计算技术中非常重要的基础。它主要包括 DNA 合成、PCR 扩增、基因克隆、转染、荧光标记等。这些技术可用于构建基因逻辑电路、DNA 计算器等生物计算器件,实现基于 DNA 分子的信息处理和计算。

2．生物传感技术

生物传感技术主要用于检测和感知生物体内的信息,包括 DNA 传感器、蛋白质传感器、酶传感器等。这些传感器能够感受到生物体内的分子浓度、代谢活动等信息,将其转换为电信号或光信号,用于生物计算和诊断。

3．生物信息学技术

生物信息学技术主要用于处理、存储和分析生物学数据,包括基因组学、转录组学、蛋白质组学等。这些技术可用于构建生物计算模型、优化计算算法等。

4．脑神经网络技术

脑神经网络技术是生物计算技术中的一种重要技术,可用于模拟人脑的信息处理和智能计算,通过构建和模拟神经元和突触之间的连接,可以实现类似人脑的信息处理和智能计算。

5．群体智能计算技术

群体智能计算技术(如蚁群算法、人工免疫系统等)可用于解决复杂的优化问题,如路径规划、最优化设计等。

3.8.4 生物计算的应用

目前,生物计算技术已成为一门将计算机科学和生物学相结合的交叉学科,其应用领域非常广泛,这里不能一一阐述,仅列举几个主要应用领域。

1. 基因组学

在基因组学领域,生物计算技术可用于帮助科学家更好地理解基因组的组成和功能,从而发现与疾病相关的基因和突变,并提高基因测序和基因组数据分析的效率和精度。

2. 药物研发

在药物研发领域,生物计算技术可用于设计和优化药物分子结构,预测药物的生物活性和毒性,从而提高药物筛选和开发的效率及成功率。

3. 生物信息学

在生物信息学领域,生物计算技术可用于对生物大数据进行分析、处理和挖掘,从而发现生物信息的规律和特点,为微生物学研究提供更深入地理解和认识。

4. 生物制药

在生物制药领域,生物计算技术可用于设计和优化生物制剂的生产工艺和条件,预测生物制剂的品质和效力,从而提高生物制剂生产的效率和成功率。

本章小结

本章主要讲述了一些计算机新技术,分别是人工智能、云计算、大数据、物联网、虚拟现实和增强现实、区块链、5G、生物计算等计算机新技术的基本概念和相关知识。

习题

一、单项选择题

1. (　　)年,美国达特茅斯学院举行了历史上第一次人工智能研讨会,约翰·麦卡锡、马文·明斯基等科学家首次提出了人工智能这个概念。
   A. 1950　　　　B. 1956　　　　C. 1960　　　　D. 1965
2. (　　)是人工智能的一个重要分支,专门研究计算机怎样模拟或实现人类的学习行为。
   A. 机器学习　　B. 模式识别　　C. 数据挖掘　　D. 自然语言处理
3. 云计算是对(　　)技术的发展与运用。
   A. 分布式计算　B. 并行计算　　C. 网格计算　　D. 以上都是
4. 下列选项中,不属于云计算按服务类型进行分类的是(　　)。
   A. 基础设施即服务　B. 硬件即服务　C. 平台即服务　D. 软件即服务
5. 下列不属于云计算的特点的是(　　)。
   A. 超大规模　　B. 按需服务　　C. 共享　　　　D. 虚拟化

6. 下列不属于大数据特征的是（　　）。
   A. 数据量大　　　　B. 数据结构复杂　　　C. 数据类型多　　　D. 处理速度快
7. 下列不属于物联网的特征的是（　　）。
   A. 虚拟化　　　　　B. 全面感知　　　　　C. 可靠传递　　　　D. 智能处理
8. AR 技术特征包括（　　）。
   A. 虚实结合　　　　B. 实时交互　　　　　C. 三维注册　　　　D. 以上都是
9. （　　）是区块链最早的一个应用，也是最成功的一个大规模应用。
   A. 以太坊　　　　　B. 比特币　　　　　　C. RSCoin　　　　　D. 联盟区块链
10. 5G 是指（　　）。
    A. 5G 智能手机　　　　　　　　　　　　B. 5G 智能电视
    C. 第五代移动通信技术　　　　　　　　　D. 5G 网络

二、填空题

1. 人工智能主要分为弱人工智能、_____和超人工智能。
2. 云计算按服务的提供方式和使用范围可以分为私有云、_____、混合云。
3. 强化学习主要包括四个元素：智能体、_____、行动和奖励。强化学习的目的是最大化长期累积奖励。
4. _____即万物相连的互联网，是一个基于互联网、传统电信网等的信息承载体。
5. 虚拟现实大致可以分为桌面式虚拟现实、沉浸式虚拟现实、增强式虚拟现实和_____四类。

三、判断题

1. 虚拟化技术是云计算最重要的核心技术之一。（　　）
2. 云计算不可以像水、电、煤气和电话那样按照使用量进行计费。（　　）
3. 物联网是信息产业发展的第三次革命。（　　）
4. 物联网的基础和核心是互联网，其是在互联网基础上延伸和拓展的一种网络。（　　）
5. 从架构上来说，区块链是存在中心节点的一个架构。（　　）

四、简答题

1. 简述人工智能的应用领域。
2. 简述区块链的基本特征。
3. 简述 5G 的关键技术。

第4章 Windows 10操作系统

4.1 Windows 发展简史

Windows 操作系统是由微软公司开发的一种图形化操作系统。它是一种多任务、多用户的操作系统,支持在同一时间内同时运行多个应用程序,并且可以同时被多个用户使用。Windows 操作系统的核心部分是内核,它负责管理和分配计算机的资源,如 CPU、主存储器和硬盘等。内核之上是 Windows 的服务层,它包括许多系统服务,如网络服务、安全服务、存储服务等。内核与服务层共同构成了 Windows 操作系统的基础架构。Windows 操作系统的用户界面是由资源管理器、任务栏、开始菜单和桌面等组件构成的。资源管理器可以让用户查看计算机的文件和文件夹,同时可以管理硬盘分区和外部设备。任务栏显示了当前运行的应用程序和系统通知。开始菜单提供了一个便捷的方式来访问计算机上安装的应用程序和设置。桌面可以用于放置快捷方式、文件和文件夹等。Windows 操作系统支持许多硬件设备和网络协议,如键盘、鼠标、打印机、蓝牙和 Wi-Fi 等,使用户可以轻松地与计算机进行交互和连接到互联网。同时,Windows 操作系统提供了许多系统工具和应用程序,如文本编辑器、图片查看器、音乐播放器等,以满足不同用户的需求。Windows 操作系统还提供了许多安全功能,如用户账户控制、防病毒软件、防火墙等,以保护计算机免受恶意软件和网络攻击的威胁。Windows 操作系统是一款强大的操作系统,它提供了丰富的功能和用户友好的界面,适用于各种不同的应用场景,可满足不同用户的需求。

Windows 操作系统的发展历程如下。

(1) Windows 1.0(1985 年):这是 Windows 操作系统的第一个版本。它基于 MS-DOS 操作系统,支持一些基本的图形界面和多任务处理。

(2) Windows 2.0(1987 年):这个版本增加了许多新功能,包括可调窗口大小和颜色等,还支持了更多的软件应用程序。

(3) Windows 3.0(1990 年):这是 Windows 操作系统的一个重要版本。它引入了虚拟内存技术,使多任务处理变得更加高效。此外,它增加了一些新的应用程序,如画图和写字板。

(4) Windows 95(1995 年):这是 Windows 操作系统的第一款真正意义上的图形用户界面的操作系统,引领了个人计算机时代的新篇章。Windows 95 采用了新的用户界面,支持插件式桌面、任务栏、开始菜单等功能。Windows 95 的启动界面如图 4-1 所示。

图 4-1　Windows 95 的启动界面

（5）Windows 98（1998 年）：这个版本加强了 Windows 95 的功能，如增强了 USB 支持，提供了更多的网络功能和多媒体功能。

（6）Windows 2000（2000 年）：这个版本是为商业用户设计的。它支持更多的网络协议，具有更强大的安全功能，同时加强了对 NTFS 文件系统的支持。

（7）Windows XP（2001 年）：这是 Windows 操作系统的又一个重要版本。它增强了用户界面，支持更多的硬件设备（如 USB 驱动器和蓝牙设备等），同时加强了安全功能。Windows XP 整合了防火墙，用来解决一直困扰微软公司的安全问题，使 Windows XP 成为当时使用率最高的系统。然而，在 2009 年，Windows XP 被 Windows 7 超越，并在 2014 年 4 月 8 日，微软公司宣布停止对 Windows XP 的一切支持服务与更新。Windows XP 的经典桌面如图 4-2 所示。

图 4-2　Windows XP 的经典桌面

（8）Windows Vista（2006 年）：这是一个被广泛批评的 Windows 操作系统版本，由于其启动速度慢和系统不稳定而备受诟病。它增加了一些新功能（如 Windows Aero 界面等），但其性能较差。

（9）Windows 7（2009 年）：这是一个备受好评的 Windows 操作系统版本，继承了 Windows XP 的优点，同时又改进了许多不足之处，如更好的性能、更快的启动速度、更高的稳定性和更好的用户界面等。自 2015 年 1 月 14 日起，微软公司停止对 Windows 7 提供主流支持。Windows 7 的启动界面如图 4-3 所示。

（10）Windows 8（2012 年）：这是一个设计给触摸屏设备使用的 Windows 操作系统版本。它引入了新的用户界面，如磁贴和开始屏幕。

（11）Windows 10（2015 年）：Windows 10 回归了传统的桌面用户界面，并加强了一些新功能，如虚拟桌面和 Cortana 语音助手等。此外，它也是一个服务化的操作系统，提供了持续的更新和新功能。

(12) Windows 11(2021 年)：这是微软公司于 2021 年 6 月发布的最新操作系统，它是一款外观精美、功能强大、性能优越、安全可靠的操作系统，可以为用户带来更加出色的使用体验。

图 4-3　Windows 7 的启动界面

4.2　Windows 10 概述

Windows 10 是由微软公司开发的应用于个人计算机和平板式计算机的操作系统。Windows 10 的正式版于 2015 年 7 月 29 日发布。Windows 10 在易用性和安全性方面有了极大的提升，除针对云服务、智能移动设备、自然人机交互等新技术进行融合外，还对固态硬盘、生物识别、高分辨率屏幕等硬件进行了优化、完善与支持。Windows 10 的启动界面如图 4-4 所示。

图 4-4　Windows 10 的启动界面

4.2.1　Windows 10 的新特性

Windows 10 汇聚微软公司多年来研发操作系统的智慧和经验——全新简洁的视觉设计、众多创新的功能特性及更加安全稳定的性能表现都让人眼前一亮。作为新一代操作系统，Windows 10 不仅改进了一些功能，而且引入了许多新功能。下面对 Windows 10 的这些新特性进行阐述。

开始菜单：Windows 10 带有新的开始菜单，它与 Windows 7 的开始菜单类似，但也包括了 Windows 8 的现代 UI 设计风格。

虚拟桌面：为了满足用户对多桌面的需求，Windows 10 增强了多显示器使用体验，同时还增加了一项虚拟桌面(Task View)功能。其中，多显示器可以提供与主显示器相一致的样式布局，如独立的任务栏、独立的屏幕区域。虚拟桌面则是专为单一显示器用户设计，它可以为用户提供更多的"桌面",以便在当前桌面不够用时,可以把一些多余的窗口直接移动到其他"桌面"上使用。

Microsoft Edge:它取代了 Internet Explorer,是 Windows 10 中全新的浏览器,支持更多的 HTML5 和 CSS3 特性,具有更好的性能和安全性。

Cortana 语音助手:Windows 10 集成了 Cortana 语音助手,使用户可以通过语音控制计算机、搜索信息和完成任务。

改进的任务视图:Windows 10 的任务视图可以更轻松地管理多个窗口,并且可以根据用户的偏好进行自定义。

改进的 Snap 功能:Windows 10 的 Snap 功能可以更轻松地管理多个窗口,并且可以根据用户的偏好进行自定义。

Xbox 应用程序:Windows 10 集成了 Xbox 应用程序,使用户可以更轻松地访问 Xbox 游戏、社交和内容。

Windows Hello:Windows Hello 是一种新的身份验证技术,可以使用指纹、面部识别或虹膜扫描等方法登录 Windows 10。

通知中心:Windows 10 带有全新的通知中心,它可以显示来自不同应用程序的通知,并且可以轻松地进行管理和操作。

改进的安全性和隐私保护:Windows 10 提供了更好的安全性和隐私保护,包括 Windows Defender 安全中心和数据保护等功能。

4.2.2 Windows 10 的安装

1. 获得安装媒介

用户可以从 Microsoft 官网下载 Windows 10 的 ISO 镜像文件,然后将其保存在可移动存储介质上(如 U 盘或 DVD 光盘),但因为现在个人计算机上通常没有 DVD 驱动器,所以通常选择保存在 U 盘上。

2. 制作 PE 启动盘

(1) 准备一个 8G 及以上大小的 U 盘。

(2) 从微 PE 工具箱官网(https://www.wepe.com.cn/download.html)下载微 PE 工具箱,如下载微 PE 工具箱 V2.2 版 64 位,如图 4-5 所示。

(3) 将 U 盘插入计算机,运行微 PE 工具箱,安装方式选择"其他安装方式"中的第一个,即安装 PE 到 U 盘,如图 4-6 所示。

(4) 按默认选项选择"立即安装进 U 盘",如图 4-7 所示。安装完成后,将下载好的 ISO 镜像文件复制到 U 盘,就可以安装操作系统了。

3. 设置 U 盘启动

插入上述准备好的 U 盘,在计算机关机状态下,开机,根据计算机品牌不同,按相应功能键引导至 BIOS 主界面,选择"USB Storage Device",按 Enter 键进入 PE,等待自动加载完成即可。若没有 U 盘启动选项,则选择"BIOS Setup"。进入 BIOS 设置后,向右移动至

图 4-5 微 PE 工具箱的下载界面

图 4-6 微 PE 工具箱的运行界面

图 4-7 安装 PE 到 U 盘的界面

Boot 选项,对 Secure Boot(安全启动)与 Legacy Boot(传统启动)两个选项进行修改:将 Secure Boot 设置为 Disabled(Disabled 意为禁用);将 Legacy Boot 设置为 Enabled

（Enabled 意为启用）。修改后,保存 BIOS 设置,重启计算机。

4．安装操作系统

进入 PE 界面后,选择"CGI 备份还原",将其打开,CGI 备份还原的界面如图 4-8 所示。通过鼠标选择要进行的操作是还原分区,接着选择分区是 C 盘(系统盘)。随后打开 U 盘文件,选择所需的 ISO 镜像文件,最后,单击"执行"按钮即可。通常需要 6～10 分钟,系统会自动安装结束并自动重启,直至进入系统。这样 Windows 10 操作系统就从 U 盘安装完毕了。安装好的 Windows 10 的桌面如图 4-9 所示。

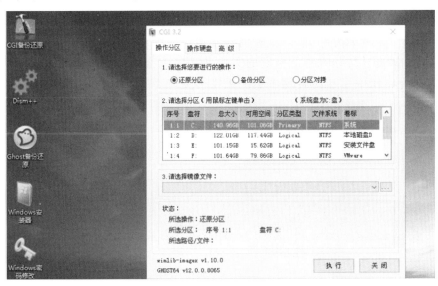

图 4-8　CGI 备份还原的界面

图 4-9　安装好的 Windows 10 桌面

4.2.3　Windows 10 快速启动

从 Windows 8 开始，Windows 的开机速度有了极大的提高，这得益于一项新功能——快速启动。快速启动功能与 Windows 7 中的休眠功能类似，不过又有所不同。休眠时，主存储器中的所有数据都会存储到硬盘的特定空间里，这样一来，只要按下开机键，就会将硬盘里临时存储的数据恢复到主存储器里，即可恢复到之前的正常工作状态。即使完全断电也可以恢复，只是恢复时间较长且需要较大的硬盘空间。

快速启动的原理和休眠类似，但是关机时，所有用户进程（如打开的记事本、浏览器等）都会被关闭。关机后，主存储器里就剩下内核、与系统相关的模块及一部分驱动，这时候将它们写到硬盘中的一个文件里，下次开机时直接把它们读入即可，所以用户会觉得开机速度变快了。快速启动意味着上一次的关机并不是完全关机。打开任务管理器的性能页面，正常运行时间中显示的是用户上一次完全关机后重新开机到现在的运行时间，如图 4-10 所示。

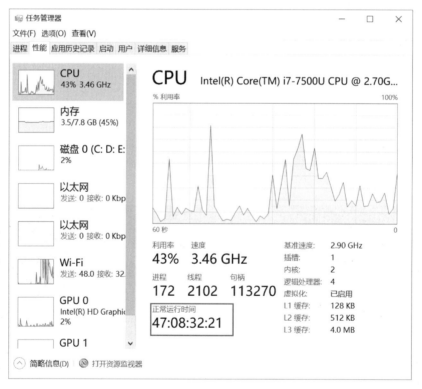

图 4-10　任务管理器的性能页面

快速启动功能在 Windows 10 中是默认开启的。依次打开设置、系统、电源和睡眠、其他电源设置，然后选择"选择电源按钮的功能"选项，如图 4-11 所示。

打开"选择电源按钮的功能"选项后，选择"更改当前不可用的设置"选项，然后用户就可以选择是否开启快速启动功能了，如图 4-12 所示。这里推荐启用快速启动，这个功能的确会使用户的开机速度得到很大的提升。

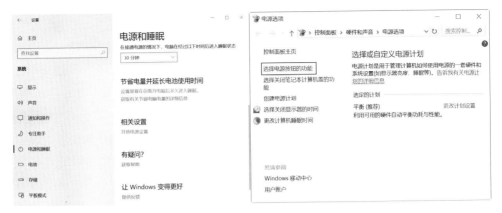

图 4-11　电源和睡眠设置

图 4-12　快速启动设置

4.3　Windows 10 的界面与操作

安装完 Windows 10 以后，第一次登录系统通常看到的是只有一个"回收站"图标的桌面。那么，如何在桌面上创建应用程序"Microsoft Word 2016"的快捷方式图标，再用快捷方式启动该应用程序？同时打开"WPS Office"和"Chrome"等多个应用程序的窗口，如何在桌面上排列并显示这几个窗口？打开"此电脑"窗口，将窗口的大小调整为屏幕大小的四分之一左右，如何制作一张图片，其内容为"此电脑"窗口，并且以"pc.jpg"为文件名进行保存。接下来，本节将一一演示这些操作流程。

4.3.1 Windows 10 桌面

1. 桌面组成

桌面(Desktop)是指打开计算机并成功登录系统之后看到的显示器主屏幕区域,是计算机专业术语。桌面文件一般存放在 C 盘,用户名下的"桌面"文件夹内。简单而形象地说,桌面是一切应用程序操作的出发点,是计算机启动后,操作系统运行到正常状态下显示的主屏幕区域。计算机桌面布置得就像实际的办公桌桌面一样,用户可以把常用的工具和文件等放到计算机桌面上。这样,用户就像在办公桌旁工作一样轻松自如,不必每次开机后再去搜寻所需的工具和文件等,也可以根据自己的爱好和习惯对桌面进行配置。其实,桌面是计算机硬盘上的一个隐含子文件夹。Windows 10 桌面如图 4-13 所示。

图 4-13　Windows 10 桌面

从广义上讲,桌面包括任务栏和桌面图标。任务栏是位于屏幕底部的水平长条,它一般不会被打开的窗口覆盖。任务栏主要由中间部分、"开始"按钮、通知区域三部分组成。中间部分用于显示正在运行的程序,并可以在这些程序之间进行切换。"开始"按钮位于任务栏的最左侧,使用该按钮可以访问程序、文件夹和计算机设置。通知区域位于任务栏的最右侧,包括一个时钟和一组图标。这些图标表示计算机上某些程序的状态,或提供访问特定设置的途径。用户将指针移向特定图标时,会看到该图标的名称或某个设置的状态。双击通知区域中的图标,通常会打开与其相关的程序或设置。

(1)"开始"按钮。

Windows 10 开始菜单是其最重要的一项变化,它融合了 Windows 7 开始菜单及 Windows 8 开始屏幕的特点。单击"开始"按钮,便可显示 Windows 10 的开始菜单,它的左侧为应用程序和文件列表(如常用项目、最近添加项目等);它的右侧是用来固定磁贴或图标的区域,方便快速打开应用。与 Windows 8 相同,Windows 10 中也引入了 Modern 应用。

对于此类应用,如果应用本身支持的话还能够在磁贴中显示一些信息,用户不必打开应用即可查看一些简单信息。

(2) 磁贴。

用户可以直接将常用程序、文档及文件夹拖放到磁贴处并重命名,便于快速访问。磁贴也会显示实时的动态信息流,如天气、新闻、社交网络通知、邮件等。

(3) 搜索框和语音助手 Cortana。

在搜索框中输入文件名、应用程序名或其他内容,能够迅速获得本地和网络的搜索结果。除文本搜索以外,单击话筒图标还能进行语音搜索。如果用户连图标都不想用,可以直接说"Hey,Cortana"即可进行语音搜索。

(4) "任务视图"按钮。

"任务视图"按钮是 Windows 10 中加入的新图标,紧贴在搜索框右侧。单击它,用户就能看到所有的活动窗口,即使某些窗口被最小化也能看见,然后可以在这些窗口中选择想要的运行程序。值得一提的是,Windows 10 加入了多桌面功能。

(5) 桌面壁纸。

透着光的窗户,如图 4-13 所示,这就是 Windows 10 的默认桌面"Hero"(英雄)。

(6) 任务托盘。

与之前 Windows 系统的任务托盘很像,不过,Windows 10 加入了"活动中心"功能,可以查看通知和进行简单的控制操作。

2. 桌面设置小技巧

(1) 将应用固定到开始菜单。

操作方法:在开始菜单左侧右击应用项目,然后选择"固定到'开始'屏幕",之后应用图标就会出现在右侧区域中。例如:从所有应用中选择"天气",右击后选择"固定到'开始'屏幕"并单击,右侧区域便会出现天气图标,如图 4-14 所示。

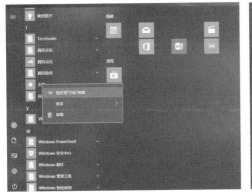 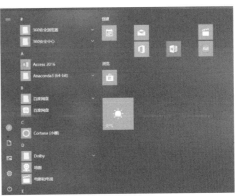

图 4-14 将应用固定到开始菜单

(2) 将应用固定到任务栏。

从 Windows 7 开始,任务栏便升级为超级任务栏,可以将常用的应用固定到任务栏,方便日常使用。Windows 10 中将应用固定到任务栏的方法:在开始菜单中右击某个应用项目,然后单击"更多",之后单击"固定到任务栏",该应用便会固定到任务栏,如图 4-15 所示。

图 4-15　将应用固定到任务栏

(3) 在开始菜单左下角显示更多内容。

开始菜单的左下角可以显示更多的文件夹,包括下载、音乐、图片等,这些文件夹在过去的 Windows 版本中是默认显示在开始菜单中的,而 Windows 10 中需要在设置中开启。具体操作方法:在开始菜单中单击"设置"打开"Windows 设置"对话框,单击"个性化",如图 4-16 所示。单击"开始",打开"选择哪些文件夹显示在'开始'菜单上"对话框,如图 4-17 所示。

图 4-16　"Windows 设置"对话框

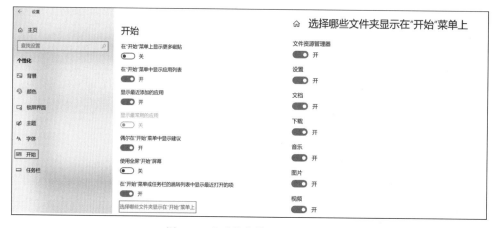

图 4-17　"开始菜单设置"对话框

(4) 在所有应用列表中快速查找应用。

Windows 10 为所有应用列表提供了首字母索引功能,便于快速查找应用,可以单击开始菜单中的任意一个英文字母进行快速定位,当然这需要用户事先对应用的名称和所属文件夹有所了解。例如：在 Windows 10 中,Internet Explorer 位于 Windows 附件之下,用户可以通过图 4-18 中所示操作找到 Internet Explorer。除此之外,用户还可以通过语音助手 Cortana 来快速查找应用。

图 4-18　在所有应用列表中快速查找应用

4.3.2　Windows 10 应用程序的使用

1. Windows 10 内置应用程序

Windows 10 系统安装好之后,系统中会有非常多的应用程序,这些自带的应用程序基本能满足我们日常的需求,但是在之后会有其他的应用程序替代这些应用程序。使用一段时间后,系统中的应用程序就会变得比较杂乱。如果想要在系统中找到已安装的应用程序,那么我们要怎么操作呢？具体方法如下。

(1) 打开开始菜单。

单击计算机左下角的"开始"按钮,出现弹出画面,单击左下角的"所有应用"。

(2) 直接找到以 W 开头的 Windows 区域。

从上到下,找到 W 字母索引的区域,这里有许多过去版本的 Windows 系统中保留的固有程序。

(3) Windows 附件。

单击 Windows 附件,可以看到许多应用程序,有常见的 Internet Explorer、Windows 传真和扫描、记事本、画图等。

(4) Windows 系统。

Windows 系统中有很重要的应用程序,如命令提示符、控制面板、运行等。

(5) Windows 系统中的控制面板。

Windows 10 在开始菜单将"设置"单列出来,但是有的用户还是喜欢之前的控制面板。因此,Windows 10 保留了之前控制面板的画面。

（6）Windows 管理工具。

Windows 管理工具包括系统配置、打印管理等。

（7）Windows 10 系统自带程序搜索。

一般可以看到 Windows 10 系统桌面左下角有一个放大镜图标，单击就可以看到能够搜索的空白处，用户输入想找的应用程序，就可以直接找到并打开。当然，这需要用户输入的程序名称比较准确。

（8）将常用的应用程序固定到桌面下方的任务栏。

找到常用的应用程序，如控制面板，右击"控制面板"，弹出对话框，再单击"固定到任务栏"，这样就可以将控制面板固定到任务栏了。

2. 启动应用程序的方法

第一种方法，启动桌面上的应用程序。如果已在桌面上创建了应用程序的快捷方式图标，那么双击桌面上的快捷方式图标就可以启动相应的应用程序。

第二种方法，通过"开始"菜单启动应用程序。在 Windows 10 系统中安装应用程序时，应用程序在"开始"菜单的所有应用程序列表中创建了一个程序组和相应的程序图标，单击这些程序图标即可运行相应的应用程序。

第三种方法，通过浏览驱动器和文件夹来启动应用程序。在"文件资源管理器"中浏览驱动器和文件夹，找到应用程序文件后双击该应用程序的图标，同样可以打开相应的应用程序。

第四种方法，分三个步骤，如下所示。

（1）首先找到所需的可执行文件，为下一步创建快捷方式做准备。如果已经是桌面上的快捷方式，那么没有必要再创建一个快捷方式。如果是开始菜单里的软件，那么可以右击"更多"，打开文件所在位置来找到可执行文件。

（2）为找到的可执行文件（一般是.exe 后缀）创建快捷方式。

（3）将该快捷方式剪切到 C 盘（系统盘）的 Windows 文件夹下，并且重命名为自己要启动该软件的名字，如果提示要管理员权限，继续授权即可。此时，按组合键 Windows 键＋R，就可以调出运行窗口，输入之前在 Windows 文件夹下的那个快捷方式的名字，就能运行成功了。

总之，打开一个应用程序的方法有很多种，具体选择哪一种方式取决于用户对操作系统运行环境的熟悉程度及用户的使用习惯。这里只是列举了一部分方法，其他方法就不再一一列举了。

3. 应用程序切换的方法

Windows 10 是一个多任务处理系统，同一时间可以运行多个应用程序，打开多个窗口。用户可根据需要在这些应用程序之间进行切换，具体方法有以下几种。

（1）单击应用程序窗口中的任何位置，即可切换到该应用程序。

（2）按组合键 Alt＋Tab 可在各应用程序之间切换。

（3）在任务栏中单击应用程序的图标，即可切换到该应用程序。

上述方法都可以实现各应用程序之间的切换。其中，使用组合键 Alt＋Tab 这种方法可以实现从一个全屏运行的应用程序切换到其他的应用程序。

4．关闭应用程序的方法

（1）在应用程序的"文件"菜单中单击"关闭"或"退出"选项。

（2）在任务栏中单击"任务视图"按钮，找到要关闭的应用程序，单击该应用程序窗口右上角的"关闭"按钮。

（3）在任务栏中右击应用程序的图标，在弹出的选项列表中，单击"关闭窗口"选项。

（4）单击应用程序窗口右上角的"关闭"按钮。

（5）按组合键 Alt+F4。

上述方法都可以实现关闭一个应用程序的功能。当关闭应用程序时，如果文档修改的数据没有保存，关闭前系统会弹出对话框，提示用户是否保存修改，待用户确定后再关闭。

5．快捷方式

用快捷方式可以快速启动相应的应用程序、打开某个文件或文件夹。在桌面上建立快捷方式图标，实际上就是建立一个指向该应用程序、文件或文件夹的链接指针。下面简要介绍一些快捷方式的使用方法。

（1）添加快捷方式到桌面的方法。

① 通过拖曳在桌面上创建快捷方式。打开 Windows 10 的开始菜单，单击"所有应用"找到想要的 Microsoft Office 程序组，然后按住鼠标左键，拖曳其中的 Microsoft Office Word 2016 到桌面上，就会显示"在桌面创建链接"的提示。松开鼠标左键，即可在桌面上创建 Microsoft Office Word 2016 的快捷方式。按照同样的方法可以把 Windows 10 开始菜单中的任意应用程序拖曳到桌面上创建快捷方式，包括 Windows 应用商店的 Metro 应用。

② 传统的发送到桌面快捷方式。在 Windows 10 开始菜单里找到 Microsoft Office Word 2016 并右击，选择"打开文件位置"并单击，就会打开 Microsoft Office Word 2016 文件夹，找到 Microsoft Office Word 2016 的可执行文件并右击，单击"发送到"，然后再单击"桌面快捷方式"，即可在 Windows 10 桌面上创建 Microsoft Office Word 2016 的快捷方式。

③ 在桌面空白处右击，会弹出右键菜单，在右键菜单中单击"新建"，然后单击"快捷方式"，接着按照下一步操作即可。

（2）用快捷方式启动项目：快捷方式可根据需要出现在不同位置，同一个应用程序也可以有多个快捷方式。双击快捷方式图标时，系统根据指针的内部链接打开相应的文件夹或文件或应用程序，用户可以不考虑该项目的实际物理位置。

（3）删除快捷方式：要删除某项目的快捷方式，可单击选定该项目后再按 Delete 键，也可右击该项目的快捷方式图标，单击"删除"选项。删除某项目的快捷方式实质上只是删除了与原项目链接的指针，因此，删除快捷方式不会使原项目被删除，原项目仍存储在计算机中的原来位置。

4.3.3　Windows 10 窗口操作

1．Windows 10 多窗口排列技巧

日常工作离不开窗口，尤其对并行事务较多的桌面用户来说，没有一项好的窗口管理机制,简直寸步难行。相比之前的操作系统,Windows 10 在这一点上改变巨大,提供了许多窗口管理功能,能够方便地对各个窗口进行排列、分割、组合、调整等操作。接下来,列举几项比较常见的窗口管理功能。

(1) 按比例分屏。

Aero Snap 是 Windows 7 就已经增加的一项窗口排列功能,俗称"分屏"。例如:当用户把窗口拖至屏幕两边时,系统会自动以 1/2 的比例完成排布。在 Windows 10 中,这样的热区被增加至七个,除了之前的左、上、右三个边框热区外,还增加了左上、左下、右上、右下四个边角热区以实现更为强大的 1/4 分屏。同时新分屏可以与之前的 1/2 分屏共同存在,具体效果如下图 4-19 所示。

图 4-19　分屏效果

(2) 非比例分屏。

虽然 Snap 的使用非常方便,但是过于固定的比例或许并不能每次都让人满意。例如:当用户觉得左侧的窗口应该再大些,就会手工调整一下窗口间的大小比例。在 Windows 10 中,一个比较人性化的改进就是调整后的尺寸可以被系统识别。当用户将一个窗口手工调大后(必须是分屏模式),其他窗口会自动利用剩余的空间进行填充。这样原本应该出现的留白或重叠部分就会自动整理完毕,用户使用起来更加高效快捷。

(3) 层叠与并排。

如果要排列的窗口超过 4 个,分屏就显得有些不够用了,这时不妨试一试最传统的窗口排列法。具体方法是,右击任务栏空白处,然后选择"层叠窗口"或"并排显示窗口"或"堆叠显示窗口"。选择结束后,桌面上的窗口会瞬间变得有秩序起来。最为关键的是,Modern应用也能使用这一功能。例如:选择"层叠窗口"选项,就可将打开的窗口以相同大小层叠在桌面上,如图 4-20 所示。

(4) 虚拟桌面。

虚拟桌面是 Windows 10 中一项特殊的窗口管理功能,因为它的意思很明确,放不下的窗口直接放到其他"桌面"即可。虚拟桌面的打开可以使用任务栏按钮,也可按组合键

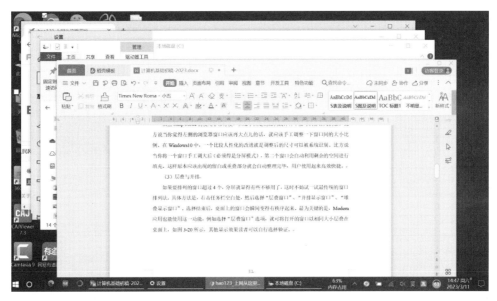

图 4-20 "层叠窗口"效果

Windows 键+Tab。打开虚拟桌面后,系统会自动展开一个桌面页,通过最右侧的"新建桌面"建立新桌面。当感觉到当前桌面不够用时,只要将多余窗口用鼠标拖曳至其他"桌面"即可,简单而方便。虚拟桌面的效果如图 4-21 所示。

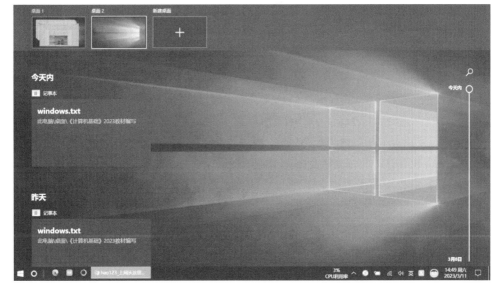

图 4-21 虚拟桌面的效果

2. 屏幕截图,制作图片

(1) 打开"此电脑"窗口,使其成为活动窗口,调整窗口的大小约为屏幕的四分之一。

(2) 单击"开始"按钮,在弹出的"开始"菜单中找到"Windows 附件"并单击,然后单击"截图工具",打开窗口。

(3) 在"截图工具"窗口中单击"模式",选择一种截图方式,单击"新建"后就可以截图了,如图4-22所示。

(4) 截完图后,单击"文件"然后单击"另存为"(或用组合键Ctrl+S),接着选择保存类型为"JPEG文件",即可将图片以"pc.jpg"为文件名保存起来。

(5) 在"截图工具"窗口的右上角单击"×"按钮,退出应用程序。

图4-22 "截图工具"窗口

4.3.4 Windows 10 剪贴板

Windows系统中还有一个非常重要的应用程序——剪贴板,它广泛应用于操作系统的各方面。

剪贴板是主存储器中的一个临时存储区,也是Windows系统中各应用程序之间传递和交换信息的中介。剪贴板不但可以存储文字,而且可以存储图片、视频、音频等。通过剪贴板可以把各文件中的文字、视频、音频粘贴在一起,形成图文并茂、有声有色的文档。

在Windows 10中,几乎所有应用程序都可以利用剪贴板来交换数据。应用程序"编辑"菜单中的"剪切""复制""粘贴"选项和常用工具栏中的"剪切""复制""粘贴"按钮均可用来向剪贴板中复制数据或从剪贴板中接收数据进行粘贴。

使用剪贴板的注意事项如下。

(1) 先将信息复制或剪切到剪贴板(临时存储区)中,在目标应用程序中将插入点定位在想要放置信息的位置,单击"编辑"再单击"粘贴"选项将剪贴板中的信息传送到目标位置。

(2) 使用复制或剪切命令前,必须先选定要复制或剪切的内容,即"对象"。对于文字对象,可以通过多种鼠标操作选定对象;对于图形和视频等对象,通常单击鼠标选定。

(3) 选定文本可以移动光标到第一个字符处,用鼠标拖动到最后一个要选的字符,或者按住Shift键,用方向键或鼠标移动光标到最后一个要选的字符,选定的信息通常会用另一种背景色来显示。

(4) "剪切"命令是将选定的信息复制到剪贴板上,同时在源文件或磁盘中删除被选定的内容;"复制"命令是将选定的信息复制到剪贴板上,同时,选定的内容仍保留在源文件或磁盘中。

(5) 复制整个屏幕(截屏),只需按 PrintScreen 键即可。复制活动窗口:先将窗口激活,使之成为当前桌面上处于最前端的窗口,然后按组合键 Alt+PrintScreen。

(6) 信息粘贴到目标程序后,剪贴板中的内容保持不变,可以进行多次粘贴,既可以在同一文件中的多处进行粘贴,也可以在不同文件中进行粘贴。可见,剪贴板提供了一种在不同应用程序间传递信息的方法。

4.4 Windows 10 的文件与文件夹的管理

4.4.1 案例描述

在 Windows 系统中,所有的程序和数据都是以文件的形式存储在计算机中的,并采用树状结构对文件和文件夹进行分层管理。使用文件资源管理器可以管理计算机文件和文件夹。下面我们来创建如图 4-23 所示结构的文件夹,将"计算机基础"文件夹下的所有文件和文件夹压缩成"计算机基础.rar"文件并复制到 D 盘新建的文件夹"教学备份"中,同时删除文件夹"Java 程序设计"和文件"病毒与安全.docx"。

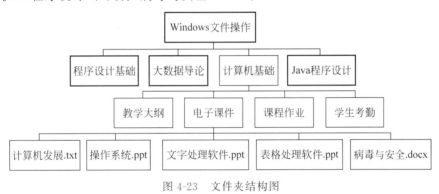

图 4-23 文件夹结构图

4.4.2 文件和文件夹的基本概念

1. 文件

文件是一组相关信息的集合,这些信息最初是在主存储器中建立的,然后以用户给予的名字存储在硬盘上。文件是计算机系统中基本的存储单位。计算机以文件名称来区分不同的文件。例如:文件名 ABC.doc、Readme.txt 分别表示两个不同类型的文件。

2. 文件的命名规则

一个完整的文件名称由文件名和扩展名两部分组成,二者中间用一个圆点"."(分隔符)分开。命名文件时,文件名中的字符可以是汉字、字母、数字、空格和特殊字符,但不能是"?""*""\""→"":""<"">""|"等字符。

最后一个圆点后的名字部分看作是文件的扩展名,前面的名字部分是主文件名。通常,扩展名由 3 个字符组成,用于标识不同的文件类型和创建此文件的应用程序;主文件名一般用描述性的名称帮助用户记忆文件的内容或用途。

在 Windows 系统中,窗口中显示的文件包括图标和文件名,同一种类型的文件通常具有相同的图标。

3. 文件夹

文件夹又称为目录,是系统组织和管理文件的一种形式,用来存放文件或子文件夹。文件夹的命名规则与文件的命名规则相似,但一般不需要加扩展名。用户双击某个文件夹图标,即可以打开该文件夹,查看其中的所有文件及子文件夹。

4. 文件的类型

在 Windows 系统中,文件按照文件中的内容类型进行分类,主要类型如表 4-1 所示。文件类型一般以扩展名来标识。

表 4-1 常见的文件类型

文 件 类 型	扩 展 名	文 件 描 述
可执行文件	.exe、.com、.bat	可以直接运行的文件
文本文件	.txt、.doc	用文本编辑器编辑生成的文件
音频文件	.mp3、.mid、.wav、.wma	以数字形式记录存储的声音、音乐信息的文件
图像文件	.bmp、.jpg、.jpeg、.gif	通过图像处理软件编辑生成的文件
视频文件	.avi、.rm、.asf、.mov	记录存储的动态变化画面,同时支持声音文件
支持文件	.dll、.sys	在可执行文件运行时起辅助作用
网页文件	.html、.htm	网络中传输的文件,可用浏览器打开
压缩文件	.zip、.rar	由压缩软件将文件或文件夹压缩后形成的文件

4.4.3 文件资源管理器

在 Windows 10 中,主要使用"文件资源管理器"来查看和管理计算机中的信息资源。

1. 文件资源管理器

文件资源管理器是 Windows 10 中主要的文件浏览和管理工具。"文件资源管理器"窗口中显示了计算机上的文件、文件夹和驱动器的分层结构,同时显示了映射到计算机上的驱动器号和所有网络驱动器名称。用户可以利用文件资源管理器浏览、复制、移动、删除、重命名,以及搜索文件和文件夹。

右击"开始"按钮,选择"文件资源管理器"并单击,可以打开"文件资源管理器"窗口。"文件资源管理器"窗口主要分为 3 部分:顶部包括标题栏、菜单栏、工具栏等;左侧窗格以树形结构展示文件的管理层次,用户可以清楚地了解存放在硬盘中的文件结构;右侧窗格用于用户浏览文件或文件夹的有关信息。

2. 文件和文件夹的显示格式

利用文件资源管理器可以浏览文件和文件夹,并可根据用户需求对文件的显示和排列格式进行设置。

在"文件资源管理器"窗口中查看文件或文件夹的方式有"超大图标""大图标""中图标""小图标""列表""详细信息""平铺""内容"八种。

与 Windows 7 相比，Windows 10 界面做得更美观、更易用。用户可以先单击目录中的空白处，然后通过按住 Ctrl 键并同时前后推动鼠标的中间滚轮来调节目录中文件和文件夹图标的大小，以达到自己最满意的视觉效果。

（1）"超大图标"：以系统中所能呈现的最大图标尺寸来显示文件和文件夹的图标。

（2）"大图标""中图标""小图标"：这一组排列方式只是在图标大小上和"超大图标"的排列方式有区别。它们分别以多列的大、中、小图标的格式来排列显示文件或文件夹。

（3）"列表"：它是以单列小图标的方式排列显示文件夹的内容。

（4）"详细信息"：它可以显示有关文件的详细信息，如文件名称、类型、大小、日期等。

（5）"平铺"：以适中的图标大小排成若干行来显示文件或文件夹，并且包含每个文件或文件夹大小及类型的信息。

（6）"内容"：以适中的图标大小排成一列来显示文件或文件夹，并且包含着每个文件或文件夹的创建者、修改日期和大小等相关信息。

在"文件资源管理器"窗口的工具栏中单击"查看"按钮，弹出下拉菜单，可以从中选择一种查看模式。

3. 文件夹的排列

Windows 10 系统提供按文件特征进行自动排列的方法。特征指的是文件的"名称""类型""大小""修改日期"等。

4.4.4　文件和文件夹的组织与管理

在 Windows 10 系统中，除了可以创建文件夹、打开文件和文件夹，用户还可以对文件或文件夹进行复制、移动、发送、搜索、还原和重命名等操作。利用文件资源管理器可以组织和管理文件。

为了节省磁盘空间，应及时删除无用的文件和文件夹，被删除的文件或文件夹会放到回收站中，用户可以将回收站中的文件或文件夹彻底删除，也可以将误删的文件或文件夹从回收站中还原到原来的位置。Windows 10 系统中，回收站是硬盘上的一个有固定空间的系统文件夹，其属性为隐藏，而且不能被删除。

1. 文件或文件夹的选定

对文件或文件夹进行操作前，首先要选定被操作的文件或文件夹，被选定的对象会高亮显示。Windows 10 中选定文件或文件夹的主要方法如下。

（1）选定单个对象：单击需要选定的对象。

（2）选定多个连续对象：按住 Shift 键的同时，单击第一个对象和选取范围内的最后一个对象。

（3）选定多个不连续对象：按住 Ctrl 键，逐个单击对象。

（4）在文件窗口的空白处按住鼠标左键不放，拖动鼠标，在屏幕上拖出一个矩形选定框，选定框内的对象即被选中。

(5) 按组合键Ctrl+A,可以选定当前窗口中的全部文件和文件夹。

(6) 在文件窗口的菜单栏中选择"主页",然后单击"全部选择"按钮,可以选定当前窗口中的全部文件和文件夹,单击"反向选择"按钮,可以选定当前窗口中未选定的文件或文件夹。

2. 文件或文件夹的复制、移动和发送

(1) 复制。

复制是将选定的文件或文件夹复制到其他位置,新的位置可以是不同的文件夹、不同的磁盘驱动器,也可以是网络上不同的计算机。复制包括复制与粘贴两个操作。复制文件或文件夹后,原位置的文件或文件夹不发生任何变化。为防止丢失数据,可以对重要文件做备份,即复制一份该文件存放到其他位置。Windows 10中复制文件或文件夹的主要方法如下。

① 用鼠标拖动:选定对象,按住Ctrl键的同时推动鼠标到目标位置。

② 用快捷菜单:右击选定的对象,在弹出的快捷菜单中单击"复制"选项;切换到目标位置,然后右击窗口中的空白处,在弹出的快捷菜单中单击"粘贴"选项。

③ 用组合键:选定对象,按组合键Ctrl+C进行复制操作;切换到目标位置,然后按组合键Ctrl+V完成粘贴操作。

④ 用工具栏命令:选定对象后,选择"主页",单击"复制到"按钮,在下拉列表中选择目标文件夹的位置。

(2) 移动。

移动是将选定的文件或文件夹移动到其他位置,新的位置可以是不同的文件夹、不同的磁盘驱动器,也可以是网络上不同的计算机。移动包含剪切与粘贴两个操作。移动文件或文件夹后,原位置的文件或文件夹将被删除。Windows 10中移动文件或文件夹的主要方法如下。

① 用鼠标拖动:选定对象,按住鼠标左键不放拖动文件或文件夹到目标位置。

② 用快捷菜单:右击选定的对象,在弹出的快捷菜单中单击"剪切"选项;切换到目标位置,然后右击窗口中的空白处,在弹出的快捷菜单中单击"粘贴"选项。

③ 用组合键:选定对象,按组合键Ctrl+X进行剪切操作;切换到目标位置,然后按组合键Ctrl+V完成粘贴操作。

④ 用工具栏命令:选定对象后,选择"主页",单击"移动到"按钮,在下拉列表中选择目标文件夹的位置。

(3) 发送。

发送文件或文件夹到其他磁盘(如软盘、U盘或移动硬盘),实质上是将文件或文件夹复制到目标位置。选定对象并右击,在弹出的菜单中选择"发送到",然后单击"U盘(F:)"。如图4-24所示。文件或文件夹的发送目标位置有可移动磁盘、邮件收件人、桌面快捷方式和压缩文件夹等。

3. 文件或文件夹的重命名

选中要重命名的文件或文件夹,选择"主页",然后单击"重命名"按钮;或者右击要重命名的文件或文件夹,在弹出的快捷菜单中选择"重命名"选项。文件或文件夹的名称处于编

图 4-24 "发送到"子菜单

辑状态(蓝底白字显示),直接键入新的文件名或文件夹名,输入完毕按 Enter 键即可。

4. 搜索操作

Windows 10 的搜索功能可以快速找到某一个或某一类文件和文件夹。在计算机中搜索任何已有的文件或文件夹,首先要知道文件名或文件类型。对于文件名,用户如果记不住完整的文件名,可使用通配符进行模糊搜索。常用的通配符有"*"和"?",分别代表任意一串字符和任意一个字符。

打开"文件资源管理器"窗口选择"此电脑"(搜索的范围),窗口的右上角有个搜索框,在里面输入要搜索的文件夹名或文件名,就能得到搜索的结果。

5. 删除操作

删除文件或文件夹时,首先选定要删除的对象,然后用以下方法进行删除操作。

(1) 右击,在弹出的快捷菜单中单击"删除"选项。
(2) 在键盘上直接按 Delete 键。
(3) 在工具栏中单击"删除"按钮。
(4) 按组合键 Shift+Delete 直接删除,被删除对象不再放到回收站中。
(5) 用鼠标直接将对象拖到回收站。

说明:要彻底删除回收站中的文件和文件夹,打开"回收站"窗口,选定要删除的文件或文件夹并右击,在弹出的快捷菜单中单击"删除"选项或"清空回收站"选项。

6. 还原操作

用户删除文件或文件夹后,被删除的文件或文件夹会移到回收站中。在桌面上双击"回收站"图标,可以打开"回收站"窗口并查看回收站中的内容。"回收站"窗口列出了用户删除的文件或文件夹,并且可以看到它们原来所在的位置、被删除的日期、文件类型和大小等。

若需要把回收站的文件或文件夹恢复,则可以使用还原功能。双击"回收站"图标,在"回收站工具"栏中单击"还原所有项目"选项,系统会把存放在回收站中的所有项目全部还原到原位置;选定项目,单击"还原此项目"选项,系统将还原所选的项目。

7. 压缩操作

压缩文件可以节省磁盘空间并使文件传输更加方便，Windows 操作系统有自带的压缩工具，也可以使用第三方压缩软件，如 WinRAR、7-Zip 等。使用第三方软件进行压缩时，首先要安装并打开所用的压缩软件，然后选中要压缩的文件或文件夹，单击压缩软件窗口中的"添加"或"压缩"按钮。例如：安装了 WinRAR 软件之后，选定要压缩的文件或文件夹，右击，在弹出的快捷菜单中会出现"添加到压缩文件"选项，如图 4-25 所示，直接使用快捷菜单完成压缩会更方便。等压缩完成后，用户将在指定的位置找到一个新的压缩文件，其文件名和扩展名取决于用户所用的压缩软件和设置。若选择快捷菜单中的"添加到'计算机基础.zip'"，则会以此文件名压缩并保存在原文件位置，压缩后的文件需要解压缩才能访问。

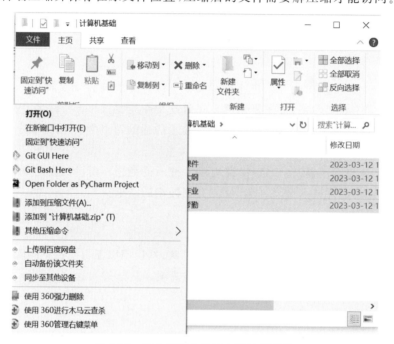

图 4-25　包含压缩文件的右键快捷菜单

4.4.5　案例实施

单击"开始"按钮，选择"Windows 系统"，然后选择"文件资源管理器"并单击，打开"此电脑"窗口，如图 4-26 所示。

（1）在左侧的窗格中单击"本地磁盘(D:)"，进入 D 盘的根目录下。

（2）右击空白处，在弹出的菜单中单击"新建"，然后单击"文件夹"，在右侧窗格中会生成一个"新建文件夹"。

（3）右击"新建文件夹"，在弹出的菜单中单击"重命名"，在文件夹图标下方的空白栏中输入"教学备份"，再单击文件夹的图标，这样就在 D 盘的根目录下创建了"教学备份"文件夹。

（4）在右侧窗格中双击打开 D 盘根目录下的"Windows 文件操作"文件夹，右窗格中将

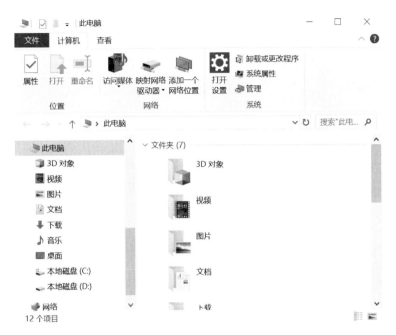

图 4-26 "文件资源管理器"窗口

显示此文件夹中的全部文件和文件夹,如图 4-27 所示。

图 4-27 显示"Windows 文件操作"窗口

(5) 双击"计算机基础"文件夹,则显示"计算机基础"文件夹下的文件和文件夹。单击"全部选择"按钮,选定所有文件和文件夹(或使用组合键 Ctrl+A)。

(6) 右击选定任何一个文件或文件夹(这时不能右击空白位置),在弹出的快捷菜单中单击"添加到压缩文件",如图4-28所示,在弹出的对话框中输入压缩文件的名字"计算机基础.rar",单击"立即压缩",如图4-29所示。

图4-28 "添加到压缩文件"快捷菜单

图4-29 "360压缩"窗口

(7) 选定压缩后的文件,单击"复制"选项(或使用组合键Ctrl+C),将选定的内容复制到剪贴板上。

(8) 打开"D:\教学备份"文件夹,窗格会切换到"教学备份"文件夹下,右击窗格中的空白处,在弹出的快捷菜单中单击"粘贴"选项(或使用组合键Ctrl+V),将剪贴板上的内容粘贴到该文件夹中。

(9) 在"Windows文件操作"中选定文件夹"Java程序设计"并右击,在弹出的快捷菜单中单击"删除"选项,在弹出的"删除文件夹"对话框中单击"是(Y)"按钮,这样就删除了"Java程序设计"文件夹。

(10) 在"文件资源管理器"窗口的左侧窗格中选定"电子课件"文件夹。在右侧窗格中选择文件"病毒与安全.docx"并右击,在弹出的快捷菜单中选择"删除"选项,在弹出的"确认文件删除"对话框中单击"是(Y)"按钮。

本章小结

本章介绍了微软公司的 Windows 系统的发展简史,主要讲述了 Windows 10 的安装、Windows 10 的界面与操作、Windows 10 应用程序的使用,并通过案例的方式详细讲解了 Windows 10 的文件与文件夹的管理。通过本章的学习,读者对 Windows 10 的安装、Windows 10 的使用等基础知识有了大概的了解,为后续章节的学习做好了铺垫。

上机实验

实验任务 1　Windows 10 的基本操作

实验目的

(1) 了解 Windows 10 的桌面对象。
(2) 掌握 Windows 10 的基本操作。
(3) 掌握窗口与对话框的组成与基本操作。
(4) 学习 Windows 桌面的组成、任务栏的使用。

实验步骤

1. 了解 Windows 10 桌面的基本组成要素

(1) 启动 Windows 10 以后,观察桌面基本图标——回收站。

(2) 观察桌面底部的任务栏,任务栏是位于屏幕底部的水平长条,显示系统正在运行的程序、当前时间等,主要由"开始"按钮、搜索框、"任务视图"按钮、系统图标显示区和"显示桌面"按钮等组成。和以前的操作系统相比,Windows 10 中的任务栏设计得更加人性化、使用更加方便、功能和灵活性更强。用户按组合键 Alt + Tab 可以在不同的窗口之间进行切换操作。

(3) 双击桌面图标。在 Windows 10 中,所有的文件、文件夹和应用程序等都由相应的图标表示。桌面图标一般是由文字和图片组成,文字说明图标的名称或功能,图片是它的标识符。新安装的系统桌面中只有一个"回收站"图标。用户双击桌面上的图标,可以快速地打开相应的文件、文件夹或者应用程序。例如:双击桌面上的"回收站"图标,即可打开"回收站"窗口。

2. 保持桌面现状

右击桌面空白处,在快捷菜单中单击"查看"选项,在级联菜单中单击"自动排列图标"选项,则该选项处出现"√"符号,其后的移动图标操作将被禁止,并观察"查看"级联菜单中其他选项的作用。

3. 改变任务栏高度、位置

说明:以下操作,须先右击任务栏空白位置,在弹出的快捷菜单中取消"锁定任务栏"的选定。

(1) 改变任务栏高度

先使任务栏变高(拖动任务栏上边缘),再恢复原状。

(2) 改变任务栏位置

将任务栏移到桌面左边缘(箭标指向任务栏空白处,按住左键,拖动),再恢复原状。

4. 设置任务栏选项

右击任务栏空白位置,在弹出的快捷菜单中选择"任务栏设置",弹出"任务栏属性"对话框,如图 4-30 所示。

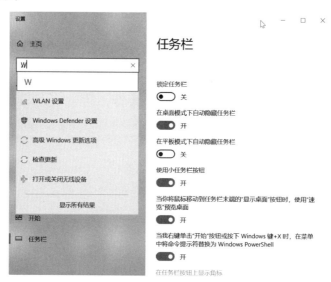

图 4-30 "任务栏属性"对话框

5. 在桌面上添加一个文件夹

(1) 右击桌面空白处,单击快捷菜单中的"新建"选项,然后单击"文件夹"选项,则桌面上将出现一个名为"新建文件夹"的图标。

(2) 右击图标的标题,单击快捷菜单中的"重命名"选项,并输入"我的文件夹",则文件夹名由"新建文件夹"改为"我的文件夹"。

(3) 单击"开始"按钮,在开始菜单中单击"Windows 附件",接着打开"画图"程序。

画一幅以校园为主题、以"我的校园"命名的图,并将图片保存到"我的文件夹"中。

实验任务 2　Windows 10 的系统设置

实验目的

(1) 了解 Windows 10 的常规系统设置内容。
(2) 掌握 Widnows 10 的常规系统设置方法。

实验步骤

Windows 10 为了兼顾触控设备,在原有控制面板的基础上推出了设置面板,并且把诸多重要入口转移到设置面板,但大多数设备并没有触控屏,因此用的人很少,在 Windows 10 中设置面板是初级设置,而控制面板是高级设置。

1. 打开"控制面板"窗口

按以下方法之一,打开"控制面板"窗口,如图 4-31 所示。

(1) 打开开始菜单,单击"Windows 系统"然后单击"控制面板",即可打开"控制面板"窗口。

(2) 同时按下组合键 Windows 键+R,进入"运行"程序,然后在"运行"输入框内输入"Control",接着单击"确定"即可进入控制面板。

图 4-31 "控制面板"窗口

2. 设置日期和时间

(1) 在控制面板中,单击"时钟和区域",再单击"日期和时间",即可打开"日期和时间"对话框,如图 4-32 所示。

图 4-32 "日期和时间"对话框

(2) 可以更改日期、时间及时区。

(3) 在"Internet 时间"标签中,可以将计算机设置为自动与"time.windows.com"同步。

(4) 单击"确定"按钮,关闭对话框。

3. 设置打印机

(1) 在控制面板中,单击"硬件和声音",再单击"设备和打印机",即可打开"设备和打印机"窗口。

(2) 单击"添加打印机"按钮,系统会扫描已连接的打印机设备,如图 4-33 所示。

(3) 可以选择默认的打印机,也可以选择其他打印机。

图 4-33 "设备和打印机"对话框

实验任务 3　管理文件和文件夹

实验目的

(1) 认识文件与文件夹。

(2) 掌握"文件资源管理器"的使用方法。

(3) 掌握文件与文件夹的常用操作。

实验步骤

(1) 打开"文件资源管理器":双击桌面"此电脑"图标,或者单击"开始"按钮,然后单击"Windows 系统",接着单击"文件资源管理器",如图 4-34 所示。

(2) 新建文件夹:在 D 盘创建以"班级—学号姓名"命名的文件夹,如"软件工程 2101—

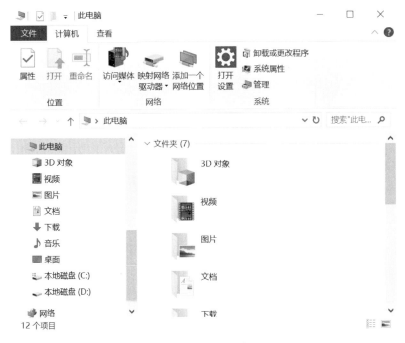

图 4-34 "此电脑"窗口

202119068 张三",在该文件夹下创建三个子文件夹,分别命名为"图片""文档""程序"。

(3) 编辑一个 txt 文件:单击"开始"按钮,然后单击"Windows 附件",接着单击"记事本",即可打开"记事本"窗口,如图 4-35 所示。输入 100 字以上的自我介绍,将此文件保存到"文档"文件夹中,用自己的姓名做主文件名,扩展名为"txt",如文件名为"张三.txt"。

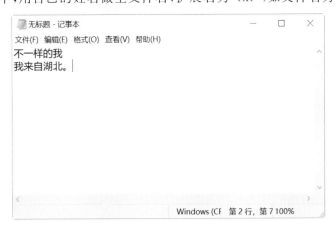

图 4-35 "记事本"窗口

(4) 搜索 C 盘扩展名为 ico 的文件:在"文件资源管理器"的左侧窗格中选中 C 盘,在右侧窗格的搜索框中输入"*.ico",任意选择两个文件复制到"程序"文件夹中,如图 4-36 所示。

(5) 创建桌面快捷方式:右击"文档"文件夹,在快捷菜单中单击"发送到",然后单击"桌面快捷方式"。

(6) 保存桌面截图:单击"开始"按钮,然后单击"Windows 附件",接着单击"截图工

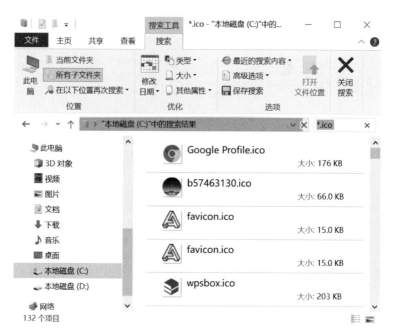

图 4-36　文件搜索结果

具",使用截图工具将你的桌面截图保存成"桌面.png"文件,并保存到"图片"文件夹中。

(7) 压缩你所创建的文件夹,将文件命名为"班级—学号姓名.rar",如"软件工程2101—202119068 张三.rar"文件。

第 5 章 WPS文档编辑

WPS Office(以下简称 WPS)是由我国北京金山办公软件股份有限公司自主研发的一款办公软件套装。1989 年,WPS 1.0 研发完成,随后经过三年的发展,迅速占领国内办公软件的大部分市场。之后,经过几代版本的跨越式发展,WPS 成为国内比较成功的办公软件产品之一。该产品可以实现办公软件最常用的文字、表格、演示、在线文档、PDF 阅读等多种功能。它具有内存占用低、运行速度快、强大插件平台支持、免费提供云存储空间及文档模板的优点。它支持阅读和输出 PDF(.pdf)文件,具有全面兼容 Microsoft Office 格式(如 doc/docx/xls/xlsx/ppt/pptx 等)的独特优势。

WPS 支持计算机桌面和移动办公,覆盖 Windows、Linux、Android、iOS 等多个平台。WPS 移动版通过 Google Play 平台,已覆盖 50 多个国家和地区。2020 年 12 月,教育部考试中心宣布将 WPS 作为全国计算机等级考试(NCRE)的二级考试科目之一,并于 2021 年在全国实施。目前,WPS 已经成为国内普及广泛的国产办公软件之一,已在政府单位、企业、高校中得到广泛应用。

WPS 适于制作各类文档,如书籍、简历、公文、表格、报刊等,既能满足简单的商务办公和个人文档编辑,又能满足专业人员制作印刷版式对复杂的文档需要。WPS 文字功能具有许多方便优越的性能,可以帮助用户轻松、高效地制作和处理各类文档。本书中所有 WPS 案例都是基于 WPS 教育考试专用版。WPS 的下载官网为全国计算机等级考试官网(官网地址为 https://ncre.neea.edu.cn/),在官网首页中单击"相关下载"菜单,再单击"一级、二级 WPS 考试应用软件下载",即可进入 WPS 软件下载页面。

5.1 WPS 文字模块简介

WPS 文字模块是 WPS 办公软件平台中的一个文字处理模块。学习 WPS 文字模块,需要先了解 WPS 办公软件平台本身,再熟悉 WPS 文字的基本功能及深入实践 WPS 平台的功能。

5.1.1 WPS 概述

1. WPS 介绍

WPS 提供了一套完整的办公工具,主要包括文字、表格、演示、PDF、流程图、脑图、表单等多种文档制作的实用模块,还集成了稻壳商城、在线会议、图片设计和各类应用组件,从而形成了一个以文档制作为基础,融合办公、学习、信息处理等多方位的软件工具平台,可以很好地帮助用户进行各种办公和学习活动。

(1) WPS 文字:它是文字编辑程序,可以用来创建和编辑具有专业外观的文档,如信函、论文、报告和小册子等。

(2) WPS 表格:它是数据处理程序,可以用来计算、分析信息及可视化电子表格中的数据。

(3) WPS 演示:它是演示文稿幻灯片制作程序,可以用来创建和编辑演示文稿。

(4) WPS PDF:它是 PDF 文档编辑程序,可以用来进行 PDF 转换操作,将 PDF 文件中的数据转换成相应的 WPS 文字、表格、演示等格式,还可以转换成微软办公软件 Word、Excel、PPT 等格式。

(5) WPS 流程图:它是流程图及各种管理类组织图制作程序,可以绘制标准流程图、创意图、鱼骨图、组织架构图等商业用途的流程图。

(6) WPS 脑图:它可以用来制作各种风格的思维导图,方便记录小组头脑风暴、创意讨论等内容框架,以便在整个工作中收集和组织重要信息。

(7) WPS 图片设计:它是简易图片设计程序,可以用来快速制作各种简易图片及海报。WPS 在线平台提供各种模板,还可以用来创建新闻稿和小册子等专业品质出版物及营销素材。

(8) WPS 表单:它可以用来制作各种办公报表,如员工统计表、考勤登记表、健康登记表、通讯录收集表、客户资料登记表等,可以提高办公效率。

(9) WPS 在线文档:它可以用来创建线上协同办公文档,在 WPS 云服务的支持下,可以让跨地域的办公协作变得非常简单。

(10) WPS 其他工具:WPS 可以提供金山系列应用软件的嵌入使用,如稻壳商城、金山会议、日历、文档助手、备份中心等应用软件。

2. WPS 文字概述

WPS 文字具有友好的图形用户界面及丰富的文字处理功能,能够帮助用户轻松、快速地完成文档的建立、排版等操作。该软件可以对用户输入的文字进行自动拼写检查,可以方便地绘制表格,编辑文字、图像、声音、动画,实现图文混排。WPS 文字拥有强大的打印功能和丰富的帮助功能。WPS 文字支持各种类型的打印机;帮助功能为用户自学提供了方便。WPS 文字还能快速创建在线协作文档,并可通过统一的 WPS 账号进行文档分享,分享至同一账号登录的其他操作系统环境下的 WPS 文字。

5.1.2 WPS 文字的功能

除基本的文字处理功能外,WPS 文字还具有以下功能。

(1) "文件"选项卡。通过"文件"选项卡,用户可以方便地对文档进行权限设置、分享、新建、保存(支持直接保存为 PDF 文件)、打印等操作。用户可以根据自己的需要,将常用的功能按钮添加到快速访问工具栏,方便使用,还可以将文件随时保存在免费的 WPS 网盘中,便于在其他设备上进行文档编辑和备份。

(2)"艺术字"功能。在 WPS 中,用户可以为文字轻松地添加各种内置的文字特效。除了简单的套用,用户还可以自定义的方式为文字添加颜色、阴影、发光等特效。用户在对文字应用新的特效时,仍然可以使用拼写检查功能,来检查特效文字的语法是否存在问题。

(3)"图片工具"功能。在 WPS 文档中插入图片,用户可以对图片进行简单的加工处理。除了可以为图片添加马赛克等各种艺术效果,用户还可以快速地对图片的敏锐度、柔化、对比度、亮度及颜色进行修改,不必再使用专业的图片处理工具对图片进行修改。

(4)"抠除背景"功能。利用"抠除背景"功能可以对文档中的图片内容进行抠图操作,移除图片中不需要的背景元素。

(5)"截屏"功能。该功能可以帮助用户快速截取所有没有最小化到任务栏的窗口画面,可以实现各种不同形状的区域截屏,还可以实现更强大的"屏幕录制"功能,甚至可以直接"截图取字",将截图中的文字自动识别出来。这些配套工具在互联网办公时代显得尤为突出,如图 5-1 所示。

(6)"关系图"功能。它使用户制作各种关系功能图更加方便。例如:用户可以在"插入"菜单栏中单击"智能图形",从中找到合适的模板插入文档,然后填写文字,从而快速建立关系图。WPS 还提供了"在线图表"功能,用户可以通过开通会员获取更多新型设计的图表。

(7)"二维码"功能。在"插入"菜单栏里面可以选择插入"二维码",能够制作网站地址、Wi-Fi、名片等多种二维码,并可以对二维码的各种属性进行设置,这个功能极大地跟上了互联网扫码时代。

(8)所见即所得的"打印预览"功能。在 WPS 中,打印效果直接显示在打印选项的右侧。用户可以在左侧打印选项中调整文档页面属性,简化了预览操作。

(9)"翻译"功能。该功能可以帮助用户进行文档、选定文字的翻译。该功能包含了即指即译的效果,可以对文档中的文字进行即时翻译,不需要借助其他翻译软件。

(10)"备份中心"增强了文档的安全性。用户在编辑文档时,WPS 会自动进行文档的备份操作。用户可以选择本地备份、备份同步、一键修复等多种备份方式,还可以对备份的时间间隔、路径等各种参数进行设置。WPS 还提供"数据恢复"和"文档修复"的安全性功能,从而降低了用户忘记保存而造成文档不安全的风险。

(11)"选择性粘贴"功能。当用户复制文字内容后,用户可以在"粘贴"选项中选择预览各种粘贴模式,然后用户可根据需要的格式选择需要的粘贴类型。

(12)"乐播投屏"功能。WPS 增加了通过第三方插件进行投屏的功能,可以将第三方插件功能按需安装,安装完后即可进行第三方插件功能的运行。

(13)"协作"功能。WPS 增加了协同工作的功能。用户只要通过分享功能发出邀请,就可以让其他用户一同参与编辑文档,而且每个用户编辑过的地方也会出现提示,让所有用户都可以看到哪些段落被编辑过。对于需要合作编辑的文档,这项功能非常方便。

(14)"查找"功能。在 WPS 的界面右上方,可以看到一个搜索框,在搜索框中输入想要搜索的内容,搜索框会给出相关命令,这些命令可以直接单击执行。对于使用 WPS 不熟练的用户来说,这将会方便很多。

(15)"云服务"功能。WPS 中的云服务已经很好地与平台融为一体。不管是创建在线文档,还是文档备份,用户可以指定云作为默认存储路径,也可以继续使用本地硬盘储存。值得注意的是,云计算是现代信息科技的主要技术之一,因此,WPS 实际上是为用户打造了一个开放的文档处理平台。用户可以通过手机、平板式计算机或是其他客户端来编辑同一个文档,也可以在云端上随时存取或同步文档。

(16)"特色功能"功能。在 WPS 的一级菜单栏中增加了"特色功能",里面包含各种输出转换、全文翻译、数据恢复、屏幕录制、乐播投屏等,如图 5-1 所示。这里主要是北京金山办公软件股份有限公司和第三方开发者开发的一些应用软件,类似于浏览器扩展,主要是为 WPS 提供一些扩充性功能。例如:用户可以下载"文档比对",帮助检查文档的重复问题等。

图 5-1　WPS 文字中的"特色功能"

5.2　WPS 文字的基础知识

使用 WPS 文字编辑文档,启动与退出软件是必不可少的操作,同时了解其窗口组成,可以帮助用户更加灵活地使用 WPS 文字软件。本节将介绍这些内容。

5.2.1　WPS 的启动

常用的 WPS 启动方法有以下几种。

1. 从开始菜单启动

在 Windows 操作系统任务栏中单击"开始"按钮,然后依次单击"所有程序""WPS Office""WPS Office 教育考试专用版",即可启动 WPS。

此外,在 Windows 操作系统任务栏中单击"开始"按钮后,在搜索框中输入"WPS",系统会自动查找到"WPS Office 教育考试专用版",然后单击它即可启动 WPS。

2. 双击桌面快捷方式

通常,安装完 WPS 后,桌面上会默认创建一个 WPS 快捷方式图标,双击该图标,即可启动 WPS。

3. 双击 WPS 文字文件

在操作系统默认文档打开程序为 WPS 的情况下,如后缀名为".wps"".wpt"".doc"".dot"".docx"等文档文件,双击文档文件即可启动 WPS。

如果没找到 WPS 文字文件,那么可以先新建一个 WPS 文字文件。操作方法:右击桌面或文件夹的空白处,在弹出的快捷菜单中单击"新建"然后单击"WPS 文档"或"DOC 文档",即可创建一个 WPS 文字文档,双击该新建文件即可启动 WPS。

5.2.2　WPS 的退出

退出 WPS 有很多方法,常用的有以下几种:

(1) 单击 WPS 窗口右上角的"关闭"按钮(或按组合键 Alt+F4)。

(2) 单击"文件",然后单击"退出",如图 5-2 所示。

如果在退出之前没有保存修改过的文档,那么退出时会弹出一个对话框,如图 5-3 所示。单击"是(Y)"按钮,WPS 保存文档后退出程序;单击"否(N)"按钮,WPS 不保存文档直接退出程序;单击"取消"按钮,WPS 取消此次退出程序的操作,返回之前的编辑窗口。

图 5-2 退出 WPS

图 5-3 退出 WPS 时未保存的对话框

5.2.3 WPS 文字的窗口组成

启动 WPS 后打开文字编辑窗口,也是该软件的主要操作界面,如图 5-4 所示。

图 5-4 WPS 文字操作窗口

WPS 文字操作窗口主要由快速访问工具栏、WPS 文档标签栏、编辑菜单栏、功能区、文本编辑区、状态栏等组成。用户可以根据自己的需要修改和设定窗口的组成。

(1) 快速访问工具栏。该工具栏集中了多个常用按钮,如"文件""保存""撤销""恢复"等。用户可以在此添加个人常用按钮,添加方法:单击快速访问工具栏右侧的按钮,在弹出的下拉列表中选择需要显示的按钮即可。

(2) WPS文档标签栏。该标签栏显示所打开的平台应用程序的名称和正在编辑的文件名,其右侧是一组窗口操作按钮,包括"最小化""最大化/还原"和"关闭"按钮。

(3) 编辑菜单栏。WPS文字取消了传统的菜单栏,而是采用多个选项卡(如"开始"选项卡、"插入"选项卡、"页面布局"选项卡等)。选择不同的选项卡可以快速显示该选项卡下面的所有核心功能。

(4) 功能区:功能区包含许多按钮,单击相应的功能按钮,将执行对应的操作。编辑菜单栏中的选项卡与功能区是对应的关系,选择某个选项卡即可打开与其对应的功能区。每个选项卡所包含的功能又被细分为多个组,每个组中包含了多个相关的命令按钮,如"开始"选项卡包括"剪贴板"组、"字体"组、"段落"组等,如图5-4所示。

在一些包含命令较多的功能组,右下角会有一个对话框启动器按钮 ,单击该按钮将弹出与该功能组相关的对话框或任务窗格。

(5) 文本编辑区:所有的文本操作都在该区域中进行,可以显示和编辑文档、表格、图表等。

(6) 状态栏:显示正在编辑的文档的相关信息,如当前页码、总页数等。状态栏还提供视图方式、显示比例和缩放滑块等辅助功能。

5.3 文档的基本操作

文档的新建、打开及保存等操作是编辑文档时常用的操作,同时灵活使用文档的多种显示方式,可以帮助用户浏览文档不同形式的内容,如文档的大纲、文档的Web版式等。

5.3.1 文档的新建

在WPS文字中,可以创建空白文档,也可以根据现有的内容创建文档,甚至可以创建一些具有特殊功能的文档,如个人简历等。

1. 创建空白文档

除启动WPS文字时系统自动显示的空白文档外,用户还可以使用以下几种方法创建空白文档。

(1) 单击"文件"按钮,在弹出的菜单中单击"新建"。

(2) 按组合键Ctrl+N。

(3) 单击"首页"按钮,在切换的页面中单击"新建",在生成的新标签页中单击"文字",再单击"新建空白文档"或"新建在线文档",可以生成本地存储的空白文档或云存储的在线空白文档。

2. 根据现有的内容创建文档

对已存在的WPS文字文档进行编辑后,若不需要修改文档保存的位置和文件名,用户可单击"文件",然后单击"保存",或者单击快速访问工具栏中的"保存"按钮,或者按组合键Ctrl+S,这些方法均可实现对文件的保存。

如果要修改文件的保存位置，或者对文件重命名，或者修改文件类型，用户可以单击"文件"，然后单击"另存为"，在弹出的设置对话框中进行修改即可。

3. 自动保存文档

WPS 文字为用户提供了自动保存文档的功能。设置了自动保存功能后，无论文档是否被修改过，系统会根据设置的时间间隔有规律地对文档进行自动保存。如果你想更改自动保存的时间，可以单击"文件"，然后依次单击"备份与恢复""备份中心""设置"，即可自行设定自动备份时间，如图 5-5 所示。

图 5-5 "备份中心"对话框

用户可在"备份至本地"选项区域中选定"定时备份"选项，并在其右侧的输入框中输入想要设定的时间间隔，还可以设置备份保存周期、是否开启文档云同步及本地备份存放的磁盘。

5.3.2 文档的打开和关闭

1. 打开文档

对于一个已存在的 WPS 文字文档，如果用户想要再次打开进行修改或查看，那么就需要将其调入内存并在 WPS 窗口中显示出来。用户可以通过以下两种方式打开文档。

（1）直接打开文档

在操作系统中找到文档的所在位置，然后双击文档图标，即可打开这个 WPS 文字文档。

（2）通过 WPS 中的"文件"打开文档

在文档编辑的过程中，如果用户需要使用或参考其他文档中的内容，那么可以单击"文件",然后单击"打开",会弹出一个对话框,如图 5-6 所示。用户在对话框的左栏中选择相应的磁盘或文件夹,然后在右栏中选择想要打开的文件,单击"打开"按钮即可打开文件。

图 5-6 "打开文件"对话框

如果该文档是近期打开过的文档,那么用户还可以单击"文件",然后单击"打开",接着单击"最近",在对话框右侧会显示文件列表,选择想要打开的文件即可。

提示:单击"打开"下拉按钮,会弹出一个下拉列表,其中包含多种打开文档的方式。其中,"以只读方式打开"的文档以只读的方式存在,对文档的编辑、修改将无法保存到原文档中;以"副本方式打开"的文档,将不打开原文档,对该副本文档所做的编辑、修改将直接保存到副本文档中,对原文档不会产生影响。

2. 文档的关闭

当不再使用该文档时,用户应将其关闭。常用的关闭文档方法如下。

(1) 单击标题栏右侧的"关闭"按钮。

(2) 右击标题栏,从弹出的快捷菜单中单击"关闭",还可以选择"关闭其他",关闭除自身外的其他文档,如果其他文档在编辑状态,那么会弹出提示保存对话框。

(3) 单击"文件",然后单击"退出",则关闭当前文档并退出 WPS 文字程序。

(4) 若按组合键 Ctrl+F4,则关闭当前文档;若按组合键 Alt+F4,则关闭当前文档并退出 WPS 程序。

如果文档在关闭前没有保存,系统将会弹出信息提示对话框,提示用户对文档进行保存,然后再关闭文档。

5.3.3 文档的显示方式

在文档编辑过程中,常常需要因不同的编辑目的而突出文档中某一部分的内容,如浏览整篇文档各章节的标题、查看文档在页面中的显示效果等,此时可通过选择视图方式或者调整窗口等方法控制文档的显示。

1. 视图方式

WPS 文字提供了 5 种文档视图,即页面视图、阅读版式视图、Web 版式视图、大纲视图、写作模式视图。

若要选择不同的文档视图方式,可使用两种方法:①单击 WPS 文字窗口下方状态栏右侧的视图切换区中的不同视图按钮。②单击"视图"选项卡,在"文档视图"选项组中选择所需的视图方式。

(1) 页面视图。

页面视图是 WPS 文字的默认视图,在进行文本输入和编辑时常采用该视图。它是按照文档的打印效果来显示文档的,文档中的页眉、页脚、页边距、图片及其他元素均会显示其正确的位置,适用于浏览文章的总体排版效果。

提示:页面视图下,页与页之间使用空白区域区分上下页。若为了便于阅读,需要隐藏该空白区域,可将鼠标指针移动到页与页之间的空白区域,双击即可隐藏,再次双击可恢复空白区域的显示。

(2) 阅读版式视图。

阅读版式视图是以图书的分栏样式来显示文档的,功能区等窗口元素被隐藏起来,从而扩大显示区域,便于用户阅读文档。在阅读版式视图中,单击"关闭"按钮或按 Esc 键即可退出该视图。

(3) Web 版式视图。

Web 版式视图是以网页的形式来显示 WPS 文字文档的,适用于发送电子邮件、创建和编辑 Web 页面。在 Web 版式视图中,文档将以不带分页符的长页显示,文字和表格将自动换行以适应窗口。

(4) 大纲视图。

大纲视图主要用于设置和显示文档的框架结构。使用大纲视图,可以便于查看和调整文档的结构;还可以对文档进行折叠,只显示文档的各个标题,便于移动和复制大段文字。大纲视图多用于长文档的浏览和编辑。详细介绍参见 5.7.2 节的内容。

(5) 写作模式视图。

写作模式视图主要用于写作情景下的文档编辑,便于快速编辑文本。写作模式视图取消了文档中的页边距、分栏、页眉、页脚和图片等元素,仅显示标题和正文。该视图模式便于用户设置字符和段落的格式。

2. 其他显示方式

(1) 拆分窗口。

在编辑文档时,有时需要频繁地在上下文之间切换,使用拖动滚动条的方法较麻烦且不太容易准确定位,这时可以使用 WPS 文字中的拆分窗口功能。该功能将窗口一分为二,变成两个窗格,两个窗格中可以显示同一个文档中的不同内容,这样可以方便地查看文档前后内容。拆分窗口的操作步骤如下。

① 打开一个 WPS 文字文档。

② 单击"视图"选项卡中的"拆分窗口"按钮,可以选择"水平拆分"和"垂直拆分"。

③ 选择拆分方式后,窗口上出现一条灰色的分隔线,此时窗口被分为上下或左右两个窗口。若想取消窗口的拆分,单击"视图"选项卡中的"取消拆分"按钮即可。

(2) 并排比较。

当同时打开两个 WPS 文字文档,若想使两个文档窗口左右并排显示,可以单击"视图"选项卡中的"并排比较"按钮。默认情况下,这两个窗口内容可以同步上下滚动,非常适合文档的比较和编辑。若要取消该显示方式,再次单击"并排比较"按钮即可。

5.4 文档的基本排版

在 WPS 文字文档中,文字是组成段落的最基本内容。本节将介绍文本的输入、编辑、拼写检查,以及字符、段落的格式化设置。这些内容是整个文档编辑排版的基础。

5.4.1 输入文档内容

WPS 文字文档的内容可以包含文字、符号、图片、表格、超链接等多种形式,本节重点讲解文本的输入。

在文档窗口中有一个闪烁的插入点,这就是光标的位置,之后的文本输入和控制键操作都是基于此插入点进行的。当光标移动到某一位置时,WPS 文字窗口下方的状态栏左侧会显示光标所在的页数。

1. 移动插入点

在编辑文本之前,应首先找到要编辑的文本位置,这就需要移动插入点。插入点的位置指示将要插入内容的位置,以及各种编辑、修改命令生效的位置。通过移动鼠标可以实现插入点的移动;使用键盘上的快捷键,也可以实现插入点的移动,常见的快捷键及其功能如表 5-1 所示。

表 5-1 移动插入点的常见快捷键

快捷键	功能	快捷键	功能
←	左移一个字符	Ctrl + ←	左移一个词
→	右移一个字符	Ctrl + →	右移一个词
↑	上移一行	Ctrl + ↑	移至当前段首
↓	下移一行	Ctrl + ↓	移至下段段首
Home	移至插入点所在行的行首	Ctrl + Home	移至文档首
End	移至插入点所在行的行尾	Ctrl + End	移至文档尾
PageUp	翻到上一页	Ctrl + PageUp	移至上页顶部
PageDown	翻到下一页	Ctrl + PageDown	移至下页顶部

2. 输入英文

在英文状态下,通过键盘可以直接输入英文字母、数字及标点符号。默认输入的英文字母为小写,当输入篇幅较长的英文文档时,用户会经常用到大小写的切换,可以使用 Shift+字符键来切换大小写。

3. 输入中文

一般情况下,操作系统会自带基本的输入法,如微软拼音。用户也可以安装第三方软件,如搜狗输入法、百度输入法、QQ 输入法、极品五笔输入法、万能五笔输入法等都是常见的中文输入法。

通过组合键 Ctrl+空格键可以打开或关闭输入法,通过组合键 Ctrl+Shift 可以切换输入法。在切换为中文输入法后,一般的中文输入法都可以通过按 Shift 键切换为英文输入,再按 Shift 键切换为中文输入。单击输入法工具条( )中的"中"按钮可以切换为英文输入,单击"全/半角"按钮( )可以切换全角和半角输入,单击"中/英文标点"按钮( )可以切换中英文标点输入。

4. 插入符号

在编辑文档的过程中,有时需要输入一些从键盘上无法输入的特殊符号,如"①""√""≠""⊗"等。下面介绍几种常用的插入符号的方法。

(1) 插入常用符号。

单击"插入"选项卡中的"符号"按钮,在打开的下拉列表中列出了一些最常用的符号,单击所需要的符号即可将其插入文档。

(2) 插入不常用符号。

若上述列表中没有所需要的符号,可单击"其他符号"按钮,会弹出"符号"对话框,如图 5-7(左)图所示。在"字体"后的组合框中选择"普通文本","子集"中选择"带括号的字母数组",可以找到"①",单击"插入"按钮可将符号"①"插入文档中。

(3) 插入"Wingdings"字符。

若要插入"Wingdings"字符,可单击"其他符号"按钮,会弹出"符号"对话框,如图 5-7(右)图所示。在"字体"后的组合框中选择"Wingdings 2",可以找到"⊗",单击"插入"按钮可将符号"⊗"插入文档中。

图 5-7　插入符号

5. 插入日期和时间

编辑文档时，可以使用插入日期和时间功能输入当前的日期和时间。

在 WPS 文字中输入日期格式的文本时，WPS 文字会自动显示默认格式的当前日期，按 Enter 键即可插入当前日期，如图 5-8（左）图所示。

如果要输入其他格式的日期和时间，还可以通过"日期和时间"对话框进行插入。打开"插入"选项卡，在"文本"组中单击"日期"按钮，会弹出"日期和时间"对话框，如图 5-8（右）图所示。在对话框中可以设置"语言（国家/地区）"为"中文（中国）"，也可勾选"自动更新"。

图 5-8　插入日期和时间

6. 插入公式

若编辑与数学相关的文档，尤其是制作数学试卷、公式繁多的论文等时，用键盘输入一些特殊的积分符号、根号等是不可能的，WPS 文字不仅提供了一些常用的公式，而且提供了自定义公式的功能。

利用公式编辑器插入公式的方法：单击"插入"，然后单击"公式"（或下拉列表），会自动弹出"公式编辑器"窗口，利用公式编辑器中的各类功能按钮可以编辑公式。公式编辑器中对应各种数学公式的按钮菜单非常直观，便于用户快速掌握各类复杂公式的输入，如图 5-9 所示。

7. 插入水印

WPS 文字可以方便地为其文档插入水印。单击"插入"，然后单击"水印"，会弹出下拉框窗口，里面有"自定义水印""预设水印""插入水印""删除文档中的水印"四个区域。我们可以在自定义水印中设置"图片水印"及"文字水印"，如图 5-10 所示。

8. 插入其他文档的内容

WPS 文字允许在当前编辑的文档中插入其他文档的内容，利用该功能可以将几个文档

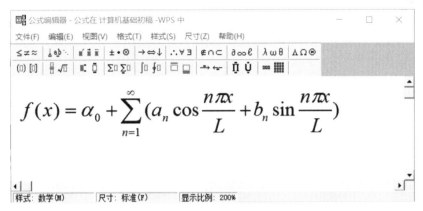

图 5-9　利用公式编辑器输入公式

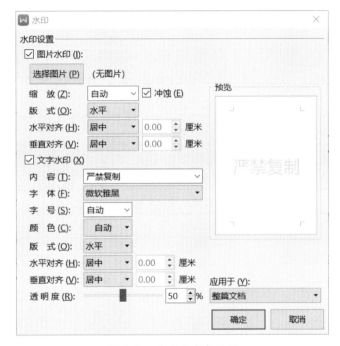

图 5-10　自定义水印设置

的内容合并到一个文档中,具体操作如下。

(1) 将光标移动至目标文档的插入点,单击"插入"选项卡中"对象"下拉列表中的"文件中的文字"按钮(这里的"文件中的文字",还包括图片、表格等,准确地说是文件中的内容)。

(2) 在弹出的"插入文件"对话框中,选择所需的文件(可以多选),然后单击"插入"按钮,即可完成操作。

5.4.2　文本的编辑

对文本的编辑操作主要包括选定、移动、复制、查找与替换、撤销与恢复等。

1. 选定文本

选定文本可以用键盘,也可以用鼠标。在选定文本内容后,被选定的部分变为黑底白字,即反相显示。

(1) 使用鼠标选定文本。

使用鼠标选定文本的常用方法如表 5-2 所示。

表 5-2 使用鼠标选定文本的常见方法

选定内容	操作方法
文本	使用鼠标拖过待选定的文本
一个单词	双击该单词
一行文本	将鼠标指针移动到该行的左侧,使指针变为指向右边的箭头(⟋),然后单击
多行文本	将鼠标指针移动到第一行的左侧,选定该行,然后向下拖动鼠标至最后一行
一个句子	按住 Ctrl 键,然后单击该句中的任何位置
一个段落	(1) 将鼠标指针移动到该段落的左侧,使指针变为⟋,然后双击 (2) 在该段落中任意位置三击
多个段落	选定一个段落,在按住 Ctrl 键的同时向上或向下拖动鼠标
连续的文本	单击要选定内容的起始处,然后将光标移动到要选定内容的结尾处,在按住 Shift 键的同时单击
不连续的文本	选定第一个文本,在按住 Ctrl 键的同时选定其他要选择的文本
整个表格	单击表格中任意一行,再按组合键 Ctrl+A
整篇文档	(1) 将鼠标指针移至文档中任意一行的左侧,使指针变为⟋,三击 (2) 单击文档段落的任意一行,再按组合键 Ctrl+A

(2) 使用键盘选定文本。

使用键盘也可以快速选定文本,常用方法如表 5-3 所示。

表 5-3 使用键盘选定文本的常见方法

组合键	功能说明
Shift + ↑	选定光标位置至上一行相同位置之间的文本
Shift + ↓	选定光标位置至下一行相同位置之间的文本
Shift + ←	选定光标左侧的一个字符
Shift + →	选定光标右侧的一个字符
Shift + PageDown	选定光标位置至下一屏之间的文本
Shift + PageUp	选定光标位置至上一屏之间的文本
Ctrl + A	选定整篇文档(若光标位置在表格内,则会选定整个表格)

2. 移动文本

移动文本是指将当前位置的文本移动到其他位置,移动的同时,会删除原来位置的文本。移动文本的常用方法如下。

(1) 选定待移动的文本,按组合键 Ctrl+X 进行剪切,在目标位置处按组合键 Ctrl+V 进行复制。

(2) 选定需要移动的文本后,按住鼠标左键不放,此时光标会变成 形状,并且旁边会出现一条虚线,移动鼠标,当虚线移动到目标位置时,释放鼠标,即可将文本移动到目标位置。

3. 复制文本

复制文本的常用方法如下。

(1) 用组合键：选定待复制的文本，按组合键 Ctrl+C，将光标移动到目标位置，再按组合键 Ctrl+V。

(2) 使用选项卡：选定待复制的文本，在"开始"选项卡中单击"复制"按钮，将插入点移动到目标位置，再单击"粘贴"按钮。

(3) 使用鼠标和组合键：选定待复制的文本，按住 Ctrl 的同时拖动鼠标，松开鼠标即可完成复制（简言之则为 Ctrl+移动文本）。

4. 查找与替换

WPS 文字支持对文字、符号甚至文本中的格式进行查找与替换。

有以下几种方法可以实现查找与替换。

(1) 一般查找：在"开始"选项卡中单击"查找替换"按钮，会弹出"查找和替换"对话框，或者直接在"查找替换"下拉列表中单击"查找"按钮，也会弹出"查找和替换"对话框。可在"查找内容"输入框中输入想要查找的关键字，该方法能实现文本内容的查找。若要查找带有一定格式的内容，则需用高级搜索功能。

(2) 高级查找和替换：在"开始"选项卡中单击"查找替换"按钮，在弹出的对话框中，单击"高级搜索"按钮。

例如：将"Word"替换为"Word"（红色，加粗，四号字），可在"查找和替换"对话框中单击"替换"选项卡，在"查找内容"和"替换为"输入框中均输入"Word"，然后单击"格式"按钮，在下拉列表中单击"字体"，设置字体颜色为"红色"，字号为"四号"，字形为"加粗"。设置后的结果如图 5-11 所示。

图 5-11 "查找和替换"对话框

5. 撤销与恢复

在编辑文档时，WPS 文字会自动记录最近执行的操作，如果出现操作错误，可以通过撤销功能撤销错误操作。如果不想撤销某些操作，还可以通过恢复功能将其恢复。撤销与恢复文本的常用方法如下。

(1) 可以通过快速访问工具栏中的"撤销"按钮（ ）或"恢复"按钮（ ）进行撤销或恢复操作。

(2) 按组合键 Ctrl+Z 执行撤销操作,按组合键 Ctrl+Y 执行恢复操作。

5.4.3 拼写检查与自动更正

WPS 文字对输入的字符有自动检查的功能,通常用红色波形下画线表示可能存在拼写问题,如输入错误或单词不可识别;绿色波形下画线表示可能存在语法问题。例如:输入英文句子"Hpapy New Year"会看到"Hpapy"被红色波形下画线标记,这说明该单词处有错误。单击"审阅"选项卡,再单击"拼写检查"按钮,在弹出对话框中有更改为"Happy"和更改建议列表,还有"更改""全部更改""忽略""全部忽略"等选项,用户可以选择正确的拼写"Happy"并单击"全部更改"。

提示:单击"文件",然后单击"选项",在弹出的对话框中单击"拼写检查",可以对自动拼写和语法检查功能做进一步设置。

5.4.4 设置字符格式

字符的基本格式包括字体、字号、字体颜色、下画线线型等,通过"开始"选项卡中的"字体"组(将光标放在按钮组右下方 ,可显示组别提示"字体")可以实现对字符格式的设置,将鼠标指针移动到"字体"组中的各按钮上,可以在提示框中看到关于此按钮功能的含义和解释,如图 5-12 所示。

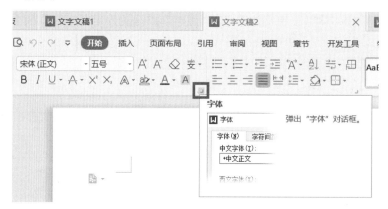

图 5-12 "字体"组按钮功能的提示

除了使用"字体"组中的工具对格式进行设置,用户也可以通过"字体"对话框进行设置。具体操作:选定待设置的文本,通过右击,在弹出的菜单中单击"字体"选项,即可打开"字体"对话框,如图 5-13 所示。用户在该对话框中可以对字体格式进行设置,在"预览"窗口中可以看到设置字体后的文字效果,在"字符间距"选项卡中可以设置字符间距、字符位置等内容。

5.4.5 设置段落格式

在 WPS 文字中,段落是独立的信息单位,具有自身的格式特征。每个段落的结尾处都可以显示段落标记( ),按 Enter 键结束一段并开始另外一段时,生成的新段落会具有与前一段相同的段落格式。设置段落格式可以通过"开始"选项卡的"段落"组,也可以通过在文

图 5-13 "字体"对话框

字段落的任何位置右击,在弹出的菜单中单击"段落"选项,在弹出的对话框中进行设置,在"预览"窗口可以看到设置后的预览效果。

用户可以设置段落的对齐方式、缩进、间距等格式,还可以为段落添加项目符号或编号。

1. 设置段落对齐方式

段落对齐方式控制段落中文本行的排列方式,包含两端对齐、左对齐、右对齐、居中对齐和分散对齐五种方式。默认的对齐方式为两端对齐。

2. 设置段落缩进

段落缩进是指段落相对左右页边距向页内缩进一段距离。缩进形式有左缩进、右缩进、首行缩进、悬挂缩进。左缩进是指整个段落中所有行的左边界向右缩进;右缩进是指整个段落中所有行的右边界向左缩进;首行缩进是指段落首行从第一个字符开始向右缩进;悬挂缩进是指整个段落中除首行外所有行的左边界向右缩进。

3. 设置行间距及段落间距

行间距是指行与行之间的距离;段间距是指两个相邻段落之间的距离。

4. 添加项目符号或编号

为文档添加项目符号或编号可以使文档结构更加清晰。下面介绍两种添加项目符号的方法。

(1) 通过"开始"选项卡的"段落"组中的"项目符号"添加。具体操作如下:

① 将光标移动到待插入处，单击"开始"选项卡的"段落"组中的"项目符号"的下拉按钮，可以选择"预设项目符号"中的项目符号，或者单击"自定义项目符号"按钮，定义新的项目符号，如图 5-14 所示。

图 5-14　设置项目符号

② 在弹出的"项目符号和编号"对话框中，选择需要的项目符号，单击"自定义"进入"自定义项目符号列表"对话框，单击"字符"，可以选择需要的符号，单击"字体"按钮可以设置项目符号的字体大小，最后单击"插入"按钮即可，如图 5-15 所示。

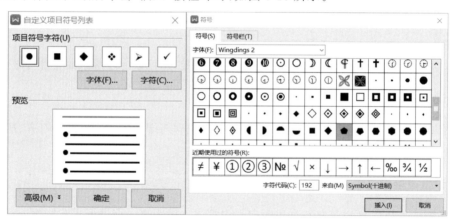

图 5-15　自定义项目符号

（2）通过在待插入点右击，从弹出的菜单中单击"项目符号和编号"，同样可以设置项目符号。

添加编号的操作与添加项目符号的操作类似，此处不再赘述。

提示：为文档添加项目符号后，系统会将该项目符号添加到最近使用过的项目符号列表中，下次单击"段落"组中的"项目符号"按钮，可直接添加与上一次操作相同的项目符号。

5.5　图文混排

有些文档需要图片来配合文字内容，这样可以将内容更加形象地表现出来。在 WPS 文字中，用户可以插入系统自带的图形，可以插入喜欢的图片，也可以根据需要制作图形。

5.5.1 使用文本框

文本框是一种图形对象。作为存放文本或图形的"容器",它可以放置在页面的任意位置,并可以根据用户需要调整其大小。用户可以通过内置文本框插入带有一定样式的文本框,还可以手动绘制横排或竖排文本框。

绘制文本框:单击"插入"选项卡,然后单击"文本框"的下拉按钮,接着单击"竖排"按钮,当鼠标指针在文本区域变成"+"字形时,从文档的左上角开始拖动即可绘制竖排文本框。

更改文字方向:将鼠标移动到文本框中,右击会弹出快捷菜单,单击"文字方向",在弹出的对话框中设置文字的方向。

5.5.2 使用图片、截屏和屏幕录制

1. 图片的插入及编辑

在 WPS 文字中,可以从磁盘中选择要插入的图片文件,这些图片文件可以是 Windows 位图,也可以是 JPEG 文件交换格式的图片、Tag 图像文件格式的图片等。在插入图片后,用户还可以设置图片的颜色、大小、版式和样式等。

单击"插入"选项卡中的"图片"按钮,在弹出的"插入图片"对话框中选择需要的图片,也可以单击"图片"下拉按钮,选择"本地图片""扫描仪""手机传图"或 WPS 文字线上图库中的图片。单击"插入"按钮,即可将一张图片插入光标所在的位置。若想对图片做进一步设置,需要选定图片,利用图片工具中的"设置形状格式"选项组可以调整图片的颜色、背景,为图片添加样式、边框、效果及版式,还可以设置图片的排列方式及尺寸等。

设置"文字环绕"的方法:①右击图片,在弹出的菜单中单击"其他布局选项",在弹出的"布局"对话框中选择"文字环绕",如图 5-16 所示;②单击选择图片后,在"图片工具"选项卡中,单击"环绕"按钮,选择相应的环绕方式。

图 5-16 文字环绕的设置

2. 截屏及屏幕录制

截屏及屏幕录制是 WPS 文字的一项新功能。截屏包含各种不同形状的截屏方式,即"矩形区域截图""椭圆形区域截图""圆角矩形区域截图""自定义区域截图",后两种需要开通 WPS 会员才能使用。使用屏幕录制功能时,WPS 文字需要下载屏幕录制插件,可以设置在后台下载,下载完成后就可以使用屏幕录制功能。

操作方法:单击"插入"选项卡中的"截屏"按钮即可截屏(默认截图方式为矩形区域截图);屏幕录制则需要单击"截屏"下拉列表中的"屏幕录制"按钮。

5.5.3 使用艺术字

艺术字是由专业的字体设计师经过艺术加工而成的汉字变形字体,是一种有图案意味或装饰意味的字体。

WPS 文字中可以按照预定义的形状创建艺术字。打开"插入"选项卡,单击"艺术字"按钮,在弹出的艺术字列表框中选择需要的样式后,可在光标的位置出现一个编辑框。在其中输入需要的文字后完成插入即可。如需要对艺术字做进一步的处理,可选定待编排的艺术字,工具栏中会出现"绘图工具"的"格式"选项卡,通过该选项卡可以设置艺术字的形状、样式等效果。WPS 还提供稻壳艺术字库,方便用户选用各种现成的新样式艺术字。

5.5.4 使用各类图形

WPS 文字提供了一套自选图形,包括直线、箭头、流程图、星与旗帜、标注等。可以使用这些形状灵活地绘制出各种图形。此外,WPS 还提供了智能图形,以及各种关系图、图表、流程图、条形码和二维码等。

1. 插入形状

单击"插入"选项卡中的"形状"按钮,在下拉列表中选择需要的图形,在文本编辑区拖动即可绘制出需要的图形。与图片的编辑类似,选定图形,工具栏会出现"绘图工具"选项卡。可以设置图形的填充颜色、形状轮廓及形状效果。

选定形状并右击,单击"添加文字",可在图形中添加一些说明文字。

当文档中插入多个图形后,有时需将图形按照一定的方式对齐。选定多个待对齐的图形,单击"格式"选项卡中的"对齐"按钮,在下拉列表中可以选择需要的对齐方式。

有时为了方便图形的整体移动,可以对多个图形进行合并。按住 Ctrl 键选定多个待合并的图形,单击"格式"选项卡中的"组合"按钮,在下拉列表中单击"组合"按钮,即可将多个图形合并为一个。

2. 插入智能图形

智能图形是信息和观点的视觉表示形式。使用智能图形可在 WPS 文字中创建各种图形。可以从多种不同布局中进行选择来创建智能图形,从而快速、轻松、有效地传达信息。

单击"插入"选项卡中的"智能图形"按钮,在弹出的"选择智能图形"对话框中选择各种不同类型的智能图形,再单击"确认",即可插入智能图形。

5.5.5 使用图表

在文档中插入数据图表,可以将复杂的数据简单明了地表现出来,对于不是太复杂的数据都可以使用 WPS 文字设计出专业的数据图表。

单击"插入"选项卡中的"图表"按钮,在弹出的"插入图表"对话框中选择需要的图表类型,即可在文档中插入图表。同时会启动"图表工具"选项卡,用于编辑图表中的数据,操作和 WPS 表格模块类似,可参考第 6 章的内容。

5.5.6 使用二维码

WPS 文字中能够方便地生成二维码是 WPS 文字的一大亮点。该功能能让用户很好地跟上信息社会的发展。现在二维码的使用已经非常普遍,能够设置生成想要的二维码,显得尤为重要。

单击"插入"选项卡中"二维码"按钮,即可弹出"插入二维码"对话框,可以制作文本及网站地址、Wi-Fi、名片等多种二维码,并可以对二维码的各种属性进行设置,如图 5-17 所示。

图 5-17 "插入二维码"对话框

5.6 使用表格

表格可以将一些复杂的信息简明扼要地表达出来。WPS 文字中不仅可以快速创建各种样式的表格,还可以方便地修改或调整表格。在表格中,可以输入文字或数据,可以给表格或单元格添加边框、底纹,还可以对表格中的数据进行简单的计算和排序等。

5.6.1 创建表格

WPS 文字提供了多种创建表格的方法,主要方法有①使用网格创建表格;②使用"插入表格"对话框创建表格;③手动绘制表格;④通过表格模板快速创建表格。

1. 使用网格创建表格

单击"表格"的下拉按钮,拖动鼠标选择网格,如选择 4 行×5 列,单击即可将 4 行 5 列的表格插入文档,如图 5-18 所示。

这种方式创建的表格不带有任何样式,操作简单方便,但一次最多只能都入 8 行 17 列的表,适用于创建行数、列数较少的表格。

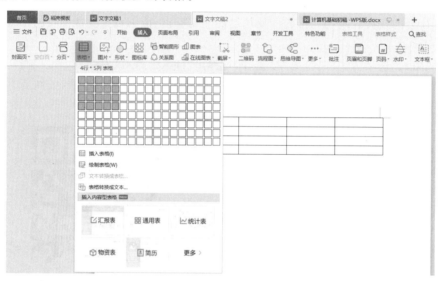

图 5-18 使用网格创建表格

2. 使用"插入表格"对话框创建表格

该方法创建表格没有行数、列数的限制,创建表格的同时还可以对表格大小进行设置。单击"插入"选项卡中"表格"组中的"插入表格"按钮,会弹出"插入表格"对话框,用户可以输入想要新建表格的行数、列数,以及表格"自动列宽"的属性。

3. 手动绘制表格

手动绘制表格可以绘制方框、直线,也可以绘制斜线,但是在绘制表格时无法精确设定表格的行高、列宽等数值。

单击"表格"下拉列表中的"绘制表格"按钮,当鼠标指针呈铅笔形状时,按住鼠标左键向右下方拖动,即可绘制表格外框,在外框内部拖动鼠标,可以绘制内部的直线或斜线。

单击"表格工具"选项卡中的"擦除"按钮,在不需要的边框线上单击,可擦除多余的框线。

4. 通过表格模板快速创建表格

单击"表格"下拉列表中的"插入内容型表格"按钮,可在下一级菜单中看到多种 WPS 文字内置的表格模板,选择需要的格式,即可快速插入带有一定格式的表格。若有稻壳会员,则能选择更多的表格模板。

5.6.2 编辑表格

表格创建完之后,可以根据需要对其进行编辑,如编辑表格中的文本内容,插入或删除行、列或单元格,对单元格进行拆分或合并等。

1. 编辑表格中的文本内容

表格中输入文本及编辑文本(如修改字体、字号等)的方法与在 WPS 文字文档中输入文本及编辑文本的方法类似。

2. 插入行、列或单元格

插入行、列或单元格的方法如下。

(1) 将光标移动到要插入的行、列或者单元格的相邻位置单元格,单击"表格工具"选项卡,通过其中的插入行和插入列,实现表格的行、列编辑。

(2) 在要插入的行、列或者单元格的相邻位置单元格中右击,在弹出的菜单中单击"插入",再进一步选择要插入的内容。

(3) 在要插入行或列的位置,将鼠标指针移至行首或列首相邻处,会出现带圆边的"-"号和"+"号,此时单击"+"则插入相应的行或列。

(4) 将光标移动到表格最后一行的行结束标记处,按 Enter 键,可以快速添加一行。

提示:如果要插入 5 行,可以选中 5 行后,再插入行,即可插入 5 行。

3. 删除行、列或单元格

删除行、列或单元格的方法如下。

(1) 将光标移动到要删除的行、列或单元格,单击"表格工具"选项卡,通过其中的"删除"按钮及下拉列表,可删除不需要的行、列或单元格。

(2) 将光标移动到要删除的行、列或单元格,右击,在弹出的菜单中单击"删除单元格",再进一步选择要删除的方式。

(3) 在要插入行或列的位置,将鼠标移至行首或列首相邻处,会出现带圆边的"-"号和"+"号,此时单击"-"则删除相应的行或列。

4. 单元格的合并或拆分

合并或拆分单元格的常用方法有两种,具体如下。

(1) 选定要合并的单元格,通过"表格工具"选项卡中的"合并单元格"按钮,实现单元格的合并。若需拆分单元格,则单击要拆分的单元格,单击"拆分单元格"按钮,则会弹出"拆分单元格"对话框,输入拆分后的列数和行数,单击"确定"即可。

(2)选定要合并的单元格右击,在弹出的菜单中选择"合并单元格",实现单元格的合并。拆分单元格的操作,亦然。

5.6.3 设置表格格式

编辑完表格后,可以对表格的格式进行设置,如调整表格的行高和列宽、设置表格的边框和底纹、套用表格样式等,使表格更加美观。

1. 调整表格的行高和列宽

设置表格行高和列宽的常见方法有两种。
(1)选定表格,使用"表格工具"中的"高度""宽度"输入框进行设定。
(2)选定表格,在表格上右击,在弹出的菜单中单击"表格属性",在弹出的对话框中有"行"和"列"的选项卡,可以设置行和列的属性。

2. 设置表格的边框和底纹

设置表格的边框和底纹的常见方法有两种。
(1)通过"表格样式"选项卡中的"边框"和"底纹"按钮,设置边框和底纹的不同样式。
(2)在表格上右击,在弹出的菜单中单击"表格属性",单击"边框和底纹"按钮,可以设置表格的边框和底纹。

3. 套用表格样式

WPS 文字中内置了多种表格样式,用户可根据需要方便地套用这些样式。在"表格样式"选项卡中可以看到有多个样式。使用样式时,先将光标定位到表格的任意单元格,再选择样式,即可将样式应用在表格中。

5.6.4 表格的高级应用

1. 绘制斜线表头

斜线表头可以将表格中行与列的多个元素在一个单元格中表现出来。WPS 文字制作斜线表头是非常方便的,因为 WPS 文字已经将各种斜线表头制成了各种类型的模板,用户可以直接选用模板。

将光标定位到需要绘制斜线的单元格,在"表格样式"选项卡中单击"绘制斜线表头"按钮,会弹出"斜线单元格类型"对话框,在弹出的对话框中选择所需的单线模型。若需要加入文本,则可以通过插入文本框实现。

2. 表格的分页显示(设置"标题行重复"和"跨页断行")

当表格数据较多时,数据可能会跨页显示,如果每页开头能有一个标题行,那么能帮助用户快速了解每列数据的意思。通过设置"标题行重复"可以为跨页表格自动添加标题行,而且如果跨页分界处的单元格内容较多,该单元格的内容可能会显示在两页上,通过设置不允许"跨页断行",可确保一个单元格的内容在同一页上显示。

选定单元格后,单击"表格工具"选项卡中的"表格属性"按钮,如图 5-19 所示,可以设置"标题行重复"和"跨页断行"。

3. 表格数据处理

在 WPS 文字中,用户可以对表格中的数据执行一些简单的运算,如求和、求平均值等,可以通过输入带有加、减、乘、除等运算符的公式进行计算,可以使用 WPS 文字附带的函数进行较为复杂的计算,还可以对数据按照某种规则进行排序。

(1)对表格中的数据进行计算。

将光标移动到存放结果的单元格,单击"表格工具"选项卡中的"fx 公式"按钮,在弹出的"公式"对话框中,单击"粘贴函数"下拉按钮,选择需要的函数,还可以进一步在"公式"文本框中编辑公式,如输入公式"=SUM(ABOVE)"(求本单元格上方所有单元格的和),如图 5-20 所示。

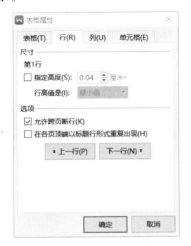

图 5-19　设置表格属性的"标题行重复"和"跨页断行"　　图 5-20　插入"公式"

常用的函数有 SUM(求和)、AVERAGE(求平均值)、COUNT(计数)。

在表格中进行运算时,需要对所引用的数据方向进行设置,表示引用方向的关键字有 4 个,分别是 LEFT(左)、RIGHT(右)、ABOVE(上)、BELOW(下),大小写均有效。

提示:公式计算不会自动更新,若在计算结束后,需要修改表格中的原有数据,则需要更新计算结果。这时可以对表格进行全选,然后按 F9 键更新域,即可更新表格中所有公式的计算结果。

(2)对表格中的数据进行排序。

将光标移动到待排序表格的任意单元格,单击"表格工具"选项卡中的"排序"按钮,在弹出的"排序"窗口中,设置排序的主要关键字及排序方式,即可完成对表格中的数据排序。

5.7　文档的高级排版

为提高文档的编排效率,创建有特殊效果的文档,WPS 文字提供了一些高级格式设置功能来优化文档的格式编排,如通过格式刷快速复制格式、通过编排文档大纲或目录便于浏览文档结构、通过添加分隔符对文档分节设置不同格式、为文档增加页眉与页脚等功能。

5.7.1 格式刷的使用

使用格式刷功能可以快速将指定文本或段落的格式复制到目标文本或段落上,从而提高工作效率。复制格式前先选定已设置好格式的文本,单击"开始"选项卡中的"格式刷"按钮。当鼠标指针变成小刷子形状后,拖动鼠标经过要复制格式的文本,即可将格式复制到目标文本上。

提示:单击"格式刷"按钮复制一次格式后,系统会自动退出复制状态,如果需要将格式复制到多处,可以双击"格式刷"按钮(将格式刷锁定),完成格式复制后,再次单击"格式刷"或者按 Esc 键,即可退出格式刷的锁定状态。

5.7.2 长文档处理

编辑长文档时,用户可以使用大纲视图来组织和查看文档,便于用户理清文档思路;用户也可以在文档中插入目录,便于用户查阅。

1. 创建、编辑文档大纲

WPS 文字中的大纲视图功能主要用于制作文档提纲,该功能主要用于浏览文档结构。

打开"视图"选项卡,单击"大纲视图"按钮,即可切换到大纲视图模式,此时窗口中出现"大纲"选项卡。

通过"大纲"选项卡中的"显示级别"下拉列表可以选择显示的级别,显示级别是根据文档的标题级别来划分的。通过鼠标指针定位在要展开或折叠的标题中,单击"展开"按钮"✚"或"折叠"按钮"━",可以扩展或折叠大纲标题。

2. 创建、编辑文档目录

WPS 文字中可以根据用户设置的大纲级别,提取目录信息,可以通过"引用"选项卡中创建目录的功能自动生成文档目录。创建完目录后,用户还可以编辑目录中的字体、字号、对齐方式等信息。

单击"引用"选项卡中的"目录"按钮,在弹出的菜单中有"智能目录""自动目录""自定义目录...""删除目录",通常可以单击"自定义目录...",弹出对话框,如图 5-21 所示。在该对话框中可以进行相应设置,也可以直接确定插入目录。

提示:如果在文章中更改了标题的名称,需要回到目录,右击,在弹出的菜单中单击"更新目录",可使目录中的标题及页码同步修改。在"写作模式"视图中,文档左侧会自动列出"导航窗格"来显示目录,以方便文档的写作。

图 5-21 插入自定义目录的对话框

5.7.3 分隔符的使用

对文档进行排版时,用户根据需要可以插入一些特定的分隔符。WPS 文字提供了分页符、分节符等几种重要的分隔符。插入分隔符,可通过"页面布局"选项卡中的"分隔符"实现。

1. 分页符的使用

分页符是分隔相邻两页之间文档内容的符号。如果新的一章内容需要另起一页显示,那么就可以通过分页符将前后两章内容分隔。

打开"页面布局"选项卡,单击"分隔符"下拉列表中的"分页符"按钮,就可以插入分页符。

提示:默认情况下,在文档中无法看到"分页符",可以单击"文件"下拉列表中的"选项",在弹出的对话框中选择"显示",选中"显示所有格式标记",再切换到页面视图或写作模式视图,即可看到分页符。

2. 分节符的使用

对于长文档,有时需要分几部分进行设置格式和版式,如不同章节设置不同的页眉,此时需要用到分节符将需要设置不同格式和版式的内容分开。

WPS 文字中有 4 种分节符:"下一页""连续""偶数页""奇数页"分节符。单击"页面布局"选项卡,然后单击"分隔符"按钮,在"分节符"组中,可以选择这 4 种分节符。

(1)单击"下一页",插入一个分节符,并在下一页上开始新节。此类分节符常用在文档中开始新的一章。

(2)单击"连续",插入一个分节符,新节从同一页开始。连续分节符常用在同一页上更改格式和版式,如我们常用的分栏。

(3)单击"奇数页"或"偶数页",插入一个分节符,新节从下一个奇数页或偶数页开始。如果希望文档各章始终从奇数页或偶数页开始,可以使用"奇数页"或"偶数页"分节符选项。

提示:在两个不同节中,可以设置不一样的页面布局,包括主题、页面设置、稿纸样式、页面背景、页眉、页脚等。

5.7.4 编辑页眉和页脚

页眉和页脚是文档中每个页面的顶部和底部的区域。常见的页眉有文档的标题、所在章节的标题等,常见的页脚有页码、日期、作者名等。文档中可以自始至终使用相同的页眉或页脚,也可以结合分节符的设置,在文档的不同部分使用不同的页眉和页脚,甚至可以在同一部分的奇偶页上使用不同的页眉和页脚。

WPS 文字中提供了不同样式的页眉和页脚供用户选择,同时允许用户自定义页眉和页脚,可以在页眉和页脚中插入图片等内容。

从正文切换到页眉的方法有 2 种:①单击"插入"选项卡,再单击"页眉和页脚"按钮,自动切换到编辑页眉处;②将鼠标移至页眉处,WPS 会自动提示"双击编辑页眉",双击页眉区域,则可以切换到页眉进行编辑。

从页眉或页脚切换到正文的方法有 3 种:①当切换到页眉或页脚时,会显示"页眉和页脚"选项卡,单击其中的"关闭"按钮;②双击正文部分;③按 Esc 键。

插入页码的方法有 2 种:①单击"插入"选项卡,再单击"页码"下拉按钮,就可以选择不同的页码样式,在弹出的下拉列表中单击"页码",就可以选择不同的页码编号设置;②进入"页眉和页脚"编辑页面,单击页眉或页脚的编辑区域,WPS 文字会自动提示"插入页码",如已经插入页码,则会自动提示"重新编""页码设""删除页码"。

5.7.5 编辑脚注、尾注和题注

1. 编辑脚注和尾注

脚注和尾注都不属于文档正文,但仍然是文档的组成部分。它们在文档中的作用相同,都是对文档中的文本进行补充说明,如解释单词、备注说明或标注文档中引用内容的来源等。脚注一般位于插入脚注页面的底部;而尾注一般位于整个文档的末尾。

插入脚注的方法如下。

(1) 打开文档,选定文档的标题,单击"引用"选项卡中的"插入脚注"按钮。

(2) 在该页面的下方会出现脚注编辑区,可以输入脚注内容,还可以为脚注文字设置字体格式。

添加尾注的方法与上述方法类似。

如果要删除脚注或尾注,可选定该脚注或尾注的标记,按删除键即可删除单个的脚注或尾注。

2. 编辑题注

使用 WPS 文字提供的题注功能,可以为文档中的图形、公式或表格等进行统一编号,从而节省手动输入编号的时间。

单击"引用"选项卡中的"插入题注"按钮,在弹出的"题注"对话框中,单击"新建标签"按钮,设置标签的内容为"表 4-",单击"确定"按钮,如图 5-22 所示。

图 5-22 编辑题注

提示:题注中的标签是固定不变的(图 5-22 的"表 4-"),文档中使用该标签的题注会自动进行编号(如"表 4-1""表 4-2""表 4-3"等),需要时可以对标签进行统一修改。

5.7.6 文档的页面设置与打印

在对文档进行排版的过程中,用户有时需要设置文字的方向、对文档进行分栏、添加页面背景、设置页边距和纸张大小等,此时就用到了页面设置的功能。页面设置完成后,用户还可以根据需要将文档打印。

1. 文字方向

用户可根据需要设置文档中的文字方向。单击"页面布局"选项卡,然后单击"文字方向"下拉列表中的"文字方向选项"按钮,对文字方向进一步地设置,如图 5-23 所示。

图 5-23　设置文字方向

2. 分栏符的使用

分栏功能可在一个文档中将一个版面分为若干个小块,通常情况下,该功能会应用于报纸、杂志等版面设计中。

选定要分栏的文字内容,单击"页面布局"选项卡中的"分栏"下拉按钮,在弹出的下拉列表中选择需要的栏数,可实现对选定内容的分栏显示。

提示：分栏只适用于文档中的正文内容,不适用于页眉、页脚或文本框等。用户可以通过"更多分栏"对栏数、栏宽等做进一步设置,如图 5-24 所示。

3. 页面背景的设置

在 WPS 文字中,用户可以对页面的背景进行设置,如页面颜色、水印背景、页面边框、稿纸等,使页面更加美观,如图 5-25 所示。

下面以设置文档稿纸背景为例介绍该组操作的方法。

图 5-24　分栏设置

图 5-25　页面背景的设置

(1) 打开文档，单击"页面布局"选项卡，然后单击"稿纸设置"按钮。

(2) 在弹出的"稿纸设置"对话框中，选择"使用稿纸方式"选择框，选取稿纸规格及网格种类，在"颜色"一栏可以设置稿纸的颜色效果。用户可以根据自己的写作习惯选择不同习惯的"换行"复选框，如图 5-26 所示。

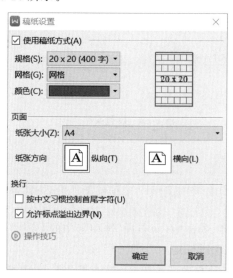

图 5-26　稿纸设置

如果要取消稿纸效果，可在"稿纸设置"对话框中，取消"使用稿纸方式"选择框。

4. 页面设置

用户可以根据需要设置页边距。单击"页面布局"选项卡中的"页边距"按钮，在弹出的下拉列表中单击"自定义页边距"按钮。在弹出的"页面设置"对话框中，单击"页边距"可以设置页面的上、下、左、右边距及装订线的宽度和位置,单击"纸张"可以设置打印纸张大小,如图 5-27 所示。

图 5-27 "页面设置"对话框中的"页边距"设置和"纸张"设置

5. 打印文档

当需要对编辑好的文档进行打印时,可通过"文件"中的"打印"选项对打印进行设置。打开的"打印"对话框如图 5-28 所示。

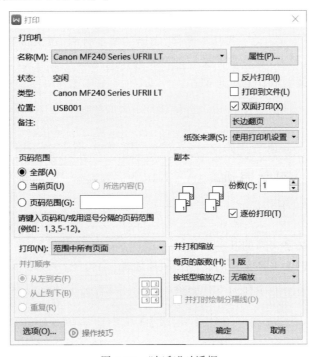

图 5-28 "打印"对话框

在"打印"对话框中可以设置以下内容。

（1）打印范围。默认的打印范围是打印文档中所有页面。用户可以根据需要在"页码范围"处选择打印"全部""当前页""页码范围"等。选定"页码范围"后，可在右侧的文本框中输入打印的页数或页数范围，如"2"或者"2-7"或者"2,4,7-8"等。

（2）双面打印。可以选定"双面打印"选择框，单击其下方的下拉框选择翻页方式。

（3）逐份打印。如果文档包含多页，并且要打印多份时，可以按份数打印，也可以按页码顺序打印，通过"份数"选项选择数量。选定"逐份打印"，也可取消该选项只按页码顺序打印。

（4）打印纸张方向。单击"属性"，可以设置纸张打印方向，最好与页面设置中的纸张方向一致。

（5）打印纸张大小。单击"属性"，可以在此处选择现有的纸张尺寸，如果实际打印时没有页面设置中设置的纸张尺寸，可以选择"按纸型缩放"根据纸张大小对文档进行缩放后再打印。

（6）打印页边距。在"打印"对话框中修改页边距后，"页面设置"中的页边距也会被修改。

（7）每页的版数。通常是每版打印一页，当需要把多页缩到一页中打印时，可以通过该选项进行设置。

（8）打印份数。在"份数"选择项中设置打印的份数。

设置完各个打印选项后，单击"打印"按钮即可打印文档。

本章小结

本章主要介绍了 WPS 文字的基本操作、文档的基本排版、图文混排、表格制作、文档高级排版等知识。通过学习，重点掌握文档的基本操作及排版方法与技巧，便于今后在日常工作与学习中轻松、快捷地制作和处理文档。

上机实验

实验任务1　图文混排

实验目的

（1）掌握 WPS 文字文档的基本操作。
（2）熟练掌握 WPS 文字文档的文字和图片编辑。
（3）掌握 WPS 文字的图片插入和编辑。

实验步骤

完成如图 5-29 所示的图文混排文档。
（1）新建空白 WPS 文字文档：单击"开始"按钮，在弹出的菜单中单击"所有程序"，然

图 5-29 "嫦娥五号月球车"效果图

后单击"WPS Office"中的"WPS Office 教育考试专用版",打开 WPS 后,单击"首页"中的"新建",然后单击"文字"中的"新建空白文档"。

(2) 添加素材:在 WPS 文字中单击"插入"选项卡,然后单击"对象"下拉列表中的"文件中的文字",如图 5-30 所示。在弹出的对话框中选择素材文件"文本素—嫦娥五号月球车.txt",单击"打开"。

图 5-30 插入"文件中的文字"

(3) 插入艺术字:在文档前面添加一个空行,将光标定位到空行中,单击"插入"选项卡中的"艺术字",在弹出的下拉列表中选择第 1 个样式("填充-黑色,文本 1,阴影"),输入文字"嫦娥五号月球车"。

(4) 修改艺术字样式:单击艺术字的边框,可以选定艺术字,这时在选项卡区会多出"绘图工具"和"文本工具"两个选项卡,如图 5-31 所示。

图 5-31 "绘图工具"和"文本工具"选项卡

① 设置艺术字样式：单击图 5-31 中的"文本效果"按钮，在弹出的下拉列表中单击"更多设置"，在右侧的属性框中选择"填充与轮廓"，将"文本填充"设置为"渐变填充"和"蓝色-深蓝渐变"；设置艺术字的字体为"华文琥珀"。

② 设置艺术字的发光效果：在右侧的属性框中选择"效果"，将"发光"设置为橙色，8 pt 发光，着色④。

③ 设置艺术字的转换效果：在右侧的属性框中选择"效果"，将"转换"设置为"正三角(第 1 行第 3 列)"。

④ 设置艺术字的阴影及倒影效果：单击"绘图工具"选项卡中的"形状效果"，在弹出的下拉列表中选择"阴影"，将其设置为"外部，第 1 行第 2 列(向下偏移)"；单击"绘图工具"选项卡中的"形状效果"，在弹出的下拉列表中选择"倒影"，将其设置为"倒影变体，第 1 行第 1 列(紧密倒影，接触)"。设置后的效果如图 5-32 所示。

(5) 设置艺术字的文字环绕：单击艺术字边框，在弹出的选项卡中选择"绘图工具"，单击"环绕"按钮，然后单击"嵌入型"即可，如图 5-33 所示。

图 5-32　艺术字的最后效果　　　　图 5-33　设置艺术字的文字环绕

(6) 将艺术字居中：在艺术字右侧的空白处单击，定位光标插入点，按 Enter 键，使艺术字单独成为一段。定位光标在艺术字这段中，单击"开始"选项卡中的"居中"按钮(　)。

(7) 设置正文格式：选择所有文字"嫦娥……系统。"，右击在弹出的菜单中单击"字体"，在弹出的"字体"对话框中设置中文字体为"楷体"，字号为"小四"；右击在弹出的菜单中单击"段落"，在弹出的"段落"对话框中设置"间距为段前 0.5 行、段后 0.5 行，首行缩进 2 字符"，如图 5-34 所示。

(8) 首字下沉：选定正文中第一个字"嫦"，单击"插入"选项卡中的"首字下沉"按钮，在弹出的对话框中设置位置为"下沉"，下沉行数为"3"行，如图 5-35 所示。

图 5-34　段落设置　　　　图 5-35　首字下沉

(9) 添加图片：将插入点置于文章末尾，单击"插入"选项卡中的"图片"按钮，选择素材"嫦娥五号 pic1.jpg"和"嫦娥五号 pic2.jpg"，插入图片素材。将图片大小调整为一行内，高度相同。在 WPS 文字中选定第二张图片，按两次空格键，即在两张图片的中间插入两个空格，并且将段落格式设置为"居中"。

(10) 添加文本框。

① 插入简单文本框：单击"插入"选项卡中的"文本框"，然后选择"横向文本框"，在文本框中输入"登月成功"。

② 设置文字环绕为浮于文字上方：右击文本框的边框，在弹出的菜单中选择"环绕文字"为"浮于文字上方"。

③ 设置文本框背景颜色为无填充颜色：单击文本框的边框，然后单击"绘图工具"选项卡中"填充"的下拉按钮，在弹出的下拉列表中选择"无填充颜色"。

④ 设置文本框的边框为无边框：选定文本框后，单击"绘图工具"选项卡中"轮廓"的下拉按钮，在弹出的下拉列表中选择"无线条颜色"。

⑤ 设置文本框文字格式为微软雅黑、小四：选定文本框后，单击"开始"选项卡中的"字体"组按钮，在弹出的对话框中将中文字体设置为"微软雅黑"，将字号设置为"小四"。

实验任务 2　表格制作

实验目的

(1) 掌握表格的创建。

(2) 掌握表格的编辑。

实验步骤

(1) 打开"表格制作素材.docx"。

(2) 文字转换为表格：选择最后第 1~6 行，单击"插入"选项卡中的"表格"按钮，在弹出的下拉列表中单击"文本转换成表格"，弹出如图 5-36 所示的对话框，单击"确认"按钮。

图 5-36　文字转换为表格

(3) 表格尾部添加一行：将鼠标指针定位到表格的最后一行，右击，在弹出的菜单中选择"插入"，单击"在下方插入行"，选择新插入行的第 1~5 单元格，合并单元格(右击，在弹出的菜单中单击"合并单元格")，输入文字"公司总销售额"。

(4) 应用表格样式：单击表格左上角的 按钮，选择整个表格，单击"表格样式"选项卡中"表格样式"组中的 ("其他"按钮)，选择"浅色样式 1-强调 1"，如图 5-37 所示。

图 5-37　应用表格样式

(5) 设置表格底纹和边框。

① 设置最后一行的底纹：选择表格的最后一行，单击"表格样式"选项卡中的"底纹"下拉按钮，在弹出的下拉列表中选择"标准色,蓝色"。

② 设置第 6 列左侧框线为虚线：选定第 6 列，单击"表格样式"选项卡中的"边框"下拉

按钮,在弹出的下拉列表中选择"边框和底纹",在弹出的"边框和底纹"对话框中单击设置中的"自定义",单击线型中的"虚线",颜色选择"标准色,蓝色",在"预览"窗口中单击"左框线",然后单击"确定"。

③ 设置整个表格的外框线为双窄线:选择整个表格,单击"表格样式"选项卡中的"边框"下拉按钮,在弹出的下拉列表中选择"边框和底纹",在弹出的"边框和底纹"对话框中单击设置中的"自定义",选择样式中的"双窄线",颜色选择"标准色,蓝色",在"预览"窗口中单击所有的外框线,然后单击"确定",如图 5-38 所示。

(6) 插入公式:将光标定位到表格的第 2 行最后一列,单击"表格工具"选项卡中的"fx 公式"按钮,在弹出的对话框中输入公式"=SUM(LEFT)",表示求左边所有数的和,如图 5-39 所示。同理,在第 3~6 行的最后一列中也输入此公式。在第 7 行最后一列中输入公式"=SUM(ABOVE)"

图 5-38　自定义设置表格边框

图 5-39　"公式"对话框

技巧:因为第 3~6 行最后一列的公式是一样的,所以可以公式复制。然而,WPS 文字中公式是由域进行实现的,域的特点是自动计算、不自动更新。当用户复制粘贴这些公式(域)后,可以选中所有要更新的"公式"(域),按 F9 键,可以更新所有公式(域),或者右击,在弹出的菜单中单击"更新域"。

完成后的结果如图 5-40 所示。

品牌名称	第1季度	第2季度	第3季度	第4季度	总销售额
联想	192100	70100	194900	100100	557200
华为	91800	70700	194500	8150000	438500
宏碁	199000	92200	200800	8080000	572800
华硕	197600	72800	200800	5120000	522400
戴尔	36500	24000	36000	142857	239357
公司总销售额					2330257

图 5-40　表格制作后的结果

实验任务3　毕业论文排版

实验目的

（1）掌握素材的导入。
（2）掌握样式的设置和使用。
（3）掌握分节符、分页符的使用。
（4）掌握插入目录。
（5）掌握页码设置。

实验步骤

毕业论文的排版比较复杂，归纳为以下8个简要步骤：导入素材、更改封面、应用系统样式、修改样式、插入分节符和分页符、插入目录、添加页码并设置页码格式、设置页码字体。

1. 导入素材

打开"毕业论文（素材：封面）.docx"，将光标定位到文档的末尾，单击"插入"选项卡中的"对象"下拉按钮，在弹出的下拉列表中单击"文件中的文字"，在弹出的对话框中选择文件"毕业论文（素材：文字）.docx"，然后单击"插入"按钮。

2. 更改封面

将封面信息更改为自己的信息，如中文题目、英文题目、学号、学生姓名、教学学院、届别、专业班级、指导教师姓名及职称、评阅教师姓名及职称、完成时间，如图5-41所示。学位论文原创性声明保持原样，签名部分要打印后再手写签名。

图5-41　封面的最后效果

3. 应用系统样式

本操作的目的是先将标题样式应用到文档中,可以明显地看到以后的效果,下一步再将样式的名字和格式进行修改,符合学校的排版要求。系统样式和学校样式的对应关系和具体格式如表 5-4 所示。

表 5-4 系统样式和学校样式的对应关系和具体格式

系统样式	学校样式	具 体 格 式
无间隔	B 论文正文	小四号,1.5 倍行距,中文字体为宋体,西文字体为 Times New Roman,首行缩进 2 字符
标题 1	B1 级标题	1 级标题,居中,1.5 倍间距,小二号,加粗,宋体,Times New Roman
标题 2	B2 级标题	2 级标题,1.5 倍行距,四号,加粗,宋体,Times New Roman
标题 3	B3 级标题	3 级标题,1.5 倍行距,小四号,加粗,宋体,Times New Roman
明显引用	B 关键词:	四号,加粗,宋体,Times New Roman,1.5 倍行距,首行缩进 2 字符,左右缩进 0 字符
题注	B 表及说明	五号,宋体,Times New Roman,1.2 倍行距,段前 0.2 行,居中,左右缩进-0.5 字符
引用	B 图及说明	1.5 倍行距,居中,五号,宋体,Times New Roman,左右缩进-3 字符
列出段落	B 文献条目	小四号,宋体,Times New Roman,1.5 倍行距,项目编号(设定项目编号为[1]),左缩进 0 字符,悬挂缩进 1.5 字符,两端对齐

(1)"无间隔"样式的应用:选择从摘要开始到文末的所有文字,单击"开始"选项卡中的"样式和格式"组中的"无间隔"样式,就可以将"无间隔"样式应用到正文文字上。

说明:正文部分使用的是"正文"样式,封面部分也是使用的"正文"样式,为了便于对正文文字对应的"正文"样式进行统一修改,而保持封面不动,正文部分使用"无间隔"样式,从而与封面的样式撇清关系。

(2)"标题 1"样式的应用:选择摘要,单击"开始"选项卡中的"样式和格式"组中的"标题 1"样式,就可以将"标题 1"样式应用到摘要文字上。同理,将"标题 1"样式应用到"ABSTRACT""目录""第 1 章""第 2 章""第 4 章""参考文献""致谢"。

(3)"标题 2"样式的应用:将"1.1 开发背景及现状"选定后,单击"开始"选项卡中的"样式和格式"组中的"标题 2",应用该样式。同理,将"1.2""2.1""2.2""3.1""3.2""4.1""4.2"应用"标题 2"样式。

说明:有 1 个编号的或者没有编号的都是"标题 1"样式,如"第 1 章""目录"等;有 2 个编号的是"标题 2"样式,如"1.1""1.2""1.3""2.1""2.2"等;以此类推。

(4)"标题 3"样式的应用:将所有 3 个编号的标题都应用"标题 3"样式。

(5)导航窗格的应用:单击"视图"选项卡中的"导航窗格"下拉按钮,可选择"靠左""靠右""隐藏"三种模式。单击"靠左"就会在左侧显示导航窗格,用鼠标单击导航项就可以快速跳转到对应的章节。设置了大纲级别的段落就能在导航窗格中进行显示,"标题 1"样式的大纲级别为"1 级","标题 2"样式的大纲级别为"2 级","标题 3"样式的大纲级别为"3 级",将三种级别的标题设置完后的导航窗格如图 5-42 所示。

技巧:设置了大纲级别的文章,可以打开导航窗格查看各级标题并进行导航,如单击导航窗格中的"目录"可以快速跳转到"目录"页面。

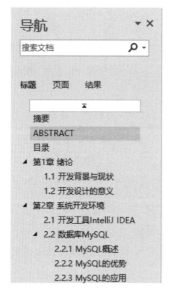

图 5-42 利用导航窗格进行定位和导航

（6）"关键词："样式的应用：找到"摘要"中的"关键词："，单击"开始"选项卡中的"样式和格式"组中的"明显引用"样式（目前是用这个系统样式，以后修改名字为"关键词："），再找到"ABSTRACT"中的"Keywords："，应用"明显引用"样式。

（7）"表及说明"样式的应用：找到"表 1 t_user 表"，将表的说明和表格都选定后，单击"开始"选项卡中的"样式和格式"组中的"题注"样式。同理，找到所有的表格和表的说明，都应用"题注"样式。

说明：可以用格式刷进行格式刷取，有两种方法。①选定表 1 后，单击"开始"选项卡中的"剪贴板"组中的"格式刷"，再单击表 2，进行格式应用，以此类推。②格式刷连续刷取，选定表 1 后，双击"开始"选项卡中的"剪贴板"组中的"格式刷"，再单击表 2，再单击表 3、表 4 等，进行格式连续刷取。

（8）"图及说明"样式的应用：仿照（7）中的操作，将所有图片及图片说明均应用"引用"样式。

（9）"文献条目"样式的应用：仿照（7）中的操作，将参考文献均应用"列出段落"样式。

4. 修改样式

（1）修改"标题 1"样式：右击"开始"选项卡中的"样式和格式"组中的"标题 1"，在弹出的快捷菜单中单击"修改样式"，弹出图 5-43（左）所示的对话框，将"名称"改为"B1 级标题"，"样式基于"改为"无样式"，单击"格式"按钮，弹出如图 5-43（左）所示的快捷菜单，单击"字体"，弹出"字体"对话框，如图 5-43（右上）所示，设置字体为"小二，宋体，Times New Roman，加粗"。同理，修改"段落"对话框中的对齐方式为"居中对齐"、大纲级别为"1 级"、段前"0"行、段后"0"行、行距"1.5 倍行距"，如图 5-43（右下）所示。

设置完样式名称、样式基于、字体格式、段落格式的"B1 级标题"样式如图 5-44 所示。

（2）修改"标题 2"样式：按照（1）中的步骤，修改"标题 2"的名称为"B2 级标题"，样式基

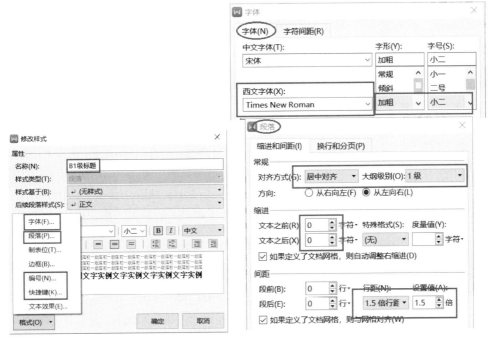

图 5-43　修改样式

图 5-44　"B1 级标题"样式设置后的效果

于为"无样式",字体为"四号,宋体,Times New Roman,加粗",段落为"2 级标题,1.5 倍行距"。

(3) 修改"标题 3"样式:按照(1)中的步骤,修改"标题 3"的名称为"B3 级标题",样式基于为"无样式",字体为"小四,宋体,Times New Roman,加粗",段落为"3 级标题,1.5 倍行距"。

(4) 同理,按照表 5-4 中的格式,将其他样式依次修改成对应的名称和具体格式。

(5) 删除"快速样式"中的样式:WPS 文字可以按照样式名称自动排序,因此本节创建的以"B"开头的毕业论文样式会排列到一起,方便进行统一处理。删除操作方法:右击样式列表中的样式(如"标题4"),单击"删除样式"。

5. 插入分节符和分页符

插入分节符:单击标题"摘要"前面,再依次单击"页面布局""分隔符""下一页分节符"(或者单击"插入"选项卡,再依次单击"分页""下一页分节符")。同理,在"第1章 绪论"前插入"下一页分节符"。

插入分页符:单击"页面布局"选项卡,再依次单击"分隔符""分页符"(或者单击"插入"选项卡,再依次单击"分页""分页符")。在摘要、ABSTRACT、每一章、参考文献的最后插入"分页符"。

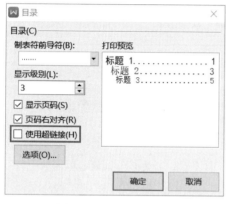

图5-45 "目录"对话框

6. 插入目录

将光标定位到目录下一行,单击"引用"选项卡,然后依次单击"目录""自定义目录",弹出"目录"对话框,去掉"使用超链接"前的复选框的勾选,如图5-45所示。

7. 添加页码并设置页码格式

将光标置于"摘要"页面中,单击"插入"选项卡中的"页码"按钮,在弹出的下拉列表中单击"页脚中间",可以在页面底部居中位置插入页码,这时会显示"页眉和页脚"选项卡,如图5-46所示。

图5-46 "页眉和页脚"选项卡

在上述内容中已将摘要前和第一章前插入了"下一页分节符",这就表明了文章被分为了3节,每节的页码是不一样的。例如:摘要之前是不要页码的,摘要到目录之间的页码用罗马字符(Ⅰ、Ⅱ、Ⅲ……)表示,第1章到文末的页码用阿拉伯数字(1、2、3……)表示。用户可以通过图5-46中的"显示前一项""显示后一项"按钮跳转到其他节,而图5-46中的"同前节"表示与前一节使用同样的页眉或页脚,还可以通过"页眉页脚"选项卡设定更多细节,如奇偶页的不同设定。

操作方法如下。

(1)通过"显示前一项""显示后一项"按钮定位到第2节(摘要)中,单击"同前节"使其不反色显示。单击"页眉和页脚"选项卡中的"页码",然后单击"设置页码

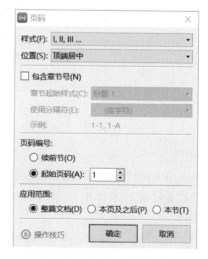

图5-47 "页码"对话框

格式",弹出"页码"对话框,设置编号样式为"Ⅰ,Ⅱ,Ⅲ…",起始页码为"Ⅰ",如图 5-47 所示。

(2) 通过"显示前一项""显示后一项"按钮定位到第 3 节("第 1 章")中,取消"同前节",设置页码的编号样式为"1,2,3…",起始页码为"1"。

(3) 通过"显示前一项""显示后一项"按钮定位到第 1 节("封面")中,将页码删除。

说明:从正文编辑到页脚编辑的切换方式为双击页脚区域,相反地,页脚编辑切换到正文编辑,只需双击正文区域即可。

8. 设置页码字体

双击页脚区域,进行页脚编辑,选择页码后,设置页码字体为 Times New Roman、字号为五号。

完成后的效果如图 5-48 所示。

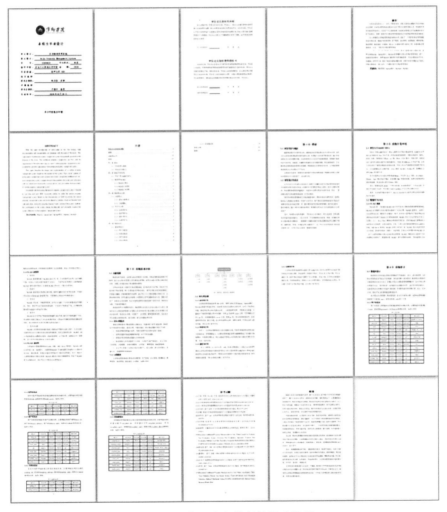

图 5-48　毕业论文排版的最后效果

第 6 章 WPS 表格应用

人们在日常生活、学习和工作中经常会遇到各种数据计算和分析问题，如教师计算学生成绩、商业上进行销售统计、会计人员对财务报表进行分析等。这些都可以通过电子表格处理软件来实现。WPS 表格是 WPS Office 办公软件中的电子表格处理软件。用户利用 WPS 表格不仅能方便地创建和编辑工作表，而且 WPS 表格为用户提供了丰富的函数、公式、图表和数据处理分析功能，可以满足用户各方面的需求。因此，WPS 表格被广泛应用于财务、金融、统计、行政和教育等领域。

6.1 WPS 表格的基本操作

学会使用 WPS 表格首先要掌握工作簿、工作表和单元格等基本概念，认识 WPS 表格工作窗口，了解它的数据类型和数据的录入。

6.1.1 WPS 表格的基本概念

工作簿是一个 WPS 表格文件，可以包含一张或多张工作表；而每张工作表又由若干个单元格组成。工作簿就像一个文件夹，将相关的表格或图表组合在一起以便于处理。

1. 工作簿

一个 WPS 表格文件就是一个工作簿，这个文件的扩展名默认为 xlsx。当启动 WPS Office 后新建一个空白工作簿，默认名称为工作簿 1.xlsx，一个工作簿可以包含多张工作表。

2. 工作表

一个新建的工作簿默认包含一张工作表，默认名称为 Sheet1。用户可以根据需要添加或删除工作表。每一张工作表都有一个工作表标签，单击它可以实现工作表间的切换。工作表中以数字标识行，以字母标识列。一张工作表最多可以包含 1048576 行，16384 列，是一张非常庞大的工作表。

3. 单元格

单元格是 WPS 表格工作簿的最小组成单位，所有的数据都存储在单元格中。它的内容可以是数字、字符、公式、日期、图形或声音文件等。在工作表编辑区中,行和列的交叉部分就称为单元格。每一个单元格都有其固定的地址,用行号和列号进行标识,如 A1 指的是位于第 A 列第 1 行的单元格。为了区分不同工作表的单元格,需要在单元格地址前加上工作表名称,如 Sheet1!B6 表示的是工作表 Sheet1 中的 B6 单元格。当前正在使用的单元格称为活动单元格。

4. 单元格区域

在 WPS 表格中,若选定的是一个单元格区域,则用左上角的单元格地址和右下角的单元格地址共同表示,如"A1:D6"表示从 A1 单元格到 D6 单元格这个区域,共包含 24 个单元格。

6.1.2 WPS 表格工作窗口

启动 WPS Office,选择表格,新建空白文档在屏幕上即可显示 WPS 表格的工作窗口,如图 6-1 所示,WPS 表格的工作窗口与 WPS 文字的基本相同,不同的主要是编辑栏和工作表编辑区、工作表标签等。

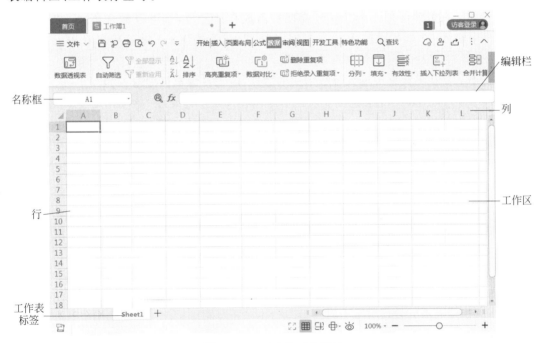

图 6-1　WPS 表格工作窗口

(1) 编辑栏:编辑栏是 WPS 表格特有的,用于显示和编辑数据、公式。编辑栏由三部分组成。最左侧是名称框,当选择单元格或单元格区域时,显示活动单元格地址或区域名称;最右端是编辑框,当在工作表的某个单元格中输入数据时,编辑栏会同步显示输入的内容;中间是"插入函数"按钮,单击它可以打开"插入函数"对话框,同时在它的左侧会出现"取消"和"确定"按钮。

(2) 工作表编辑区:显示由行和列交叉组成的单元格,用于编辑工作表中的数据。

(3) 工作表标签：位于工作簿窗口的左下角，默认名称为 Sheet1，单击不同的工作表标签可在不同的工作表间进行切换，在这个区域可以完成工作表的增加、删除、复制、移动、重命名等操作。

6.1.3　WPS 表格数据类型

在 WPS 表格的单元格中可以输入多种类型的数据，如文本、数值、日期时间、逻辑值等。

(1) 文本型数据。在 WPS 表格中，文本型数据包括汉字、英文字母、空格等，每个单元格最多可容纳 32 000 个字符。默认情况下，文本型数据自动在单元格左对齐。当输入的字符串超出了当前单元格的宽度时，如果右侧相邻单元格中没有数据，那么字符串会向右延伸；如果右侧单元格中有数据，超出的那部分数据就会被隐藏起来，只有将单元格的宽度变大后才能显示出来。

(2) 数值型数据。在 WPS 表格中，数值型数据包括 0～9 中的数字及含有正号、负号、百分号等任一种符号的数据。默认情况下，数值自动沿单元格右边对齐。在录入数值型数据时，有以下两种比较特殊的情况要注意。

① 负数：在数值前加一个"－"号或把数值放在括号里，都可以输入负数。例如：要在单元格中输入－66，可以输入"－66"或"(66)"，然后按 Enter 键就可以在单元格中出现－66。

② 分数：要在单元格中输入分数形式的数据，应先在编辑框中输入"0"和一个空格，然后再输入分数，否则 WPS 表格会将输入的分数当作日期进行处理。例如：要在单元格中输入分数 2/3，在编辑框中应先输入"0"和一个空格，然后输入"2/3"，接着按一下 Enter 键，单元格中就会出现分数 2/3。

(3) 日期时间型数据。在很多管理表格中，经常需要录入一些日期时间型的数据，这些数据是可以进行加减计算的，所以输入时默认在单元格中右对齐。在录入日期时间型数据时要注意以下几点。

① 输入日期：年、月、日之间要用"-"号或"/"号隔开，如"2020-10-2"或"2020/10/2"。

② 输入时间：时、分、秒之间要用冒号隔开，如"10:29:36"。

③ 同时输入日期和时间：日期和时间之间应该用空格隔开，如"2020/10/2 10:29:36"。

(4) 逻辑型数据。这种类型的数据只有两个值，表示真的"TRUE"和表示假的"FALSE"，数据输入后会自动居中对齐。

6.1.4　WPS 表格数据录入

WPS 表格最主要的功能是帮助用户存储和处理数据信息，所有的操作都是在有数据内容的前提下才是有效的。下面介绍数据录入的一些常用技巧，使用户在录入数据的时候可以更加高效。

1. 录入数据的几种方法

工作表是由一个个的单元格组成的。用户想要在工作表中添加数据，其实就是在单元格中输入数据。对单元格的数据录入有两种方法：①在单元格中输入；②在编辑栏中输入。

（1）在单元格中输入。

【例6-1】 在A1单元格中输入"萍乡学院"，操作步骤如下。

步骤1：选定需要输入数据的单元格，如A1。

步骤2：当单元格边框变为黑色，说明此单元格已选定，直接录入内容即可，如图6-2所示。

图6-2　在单元格中输入数据

（2）在编辑栏输入。

有时需要录入的数据过长，可能超出所选单元格的边界。这时在单元格内编辑和修改数据变得不方便，可以选择在编辑栏录入内容。

【例6-2】 在A1单元格中录入"2020—2021学年第1学期软件工程1805班成绩表"，操作步骤如下。

步骤1：选定需要录入数据的单元格。

步骤2：在编辑栏录入数据，如图6-3所示。

图6-3　在编辑栏中输入数据

2. 录入由数字组成的文本型数据

如果想要输入的字符串全部由数字组成，如邮政编码、电话号码、身份证号、序号等，为了避免WPS表格把它们按数值型数据处理，在输入时就要将它们处理为文本型数据。

例如：成绩表中第一列数据为序号，当用户输入"001"时，系统会将它自动识别为数值型数据，所以在单元格中只显示"1"。如果一定要在单元格中输入以0开头的内容，那么可以使用两种方法：①将单元格的格式设置为文本；②在需要输入的内容前加上撇号。

（1）将单元格的格式设置为文本。

在WPS表格中，单元格的数据类型默认是常规类型，它不包含任何特定的数字格式。当用户向单元格中输入"001"时，系统将它看成是一串数字，然而任何数字前面的"0"都是没有数学意义的，所以系统会将其省略掉，这时需将单元格的格式设置为文本。

【例6-3】 在单元格中输入序号"001"，操作步骤如下。

步骤1：选定需要更改格式的单元格或单元格区域，在"开始"选项卡中单击"数字格式"。

步骤2：在弹出的"单元格格式"对话框中选择"数字"选项卡，在下面的"分类"列表框中选择"文本",如图 6-4 所示。

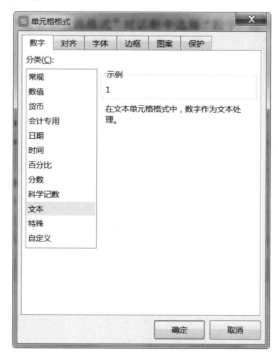

图 6-4 "单元格格式"对话框

步骤 3：单击"确定"按钮后,用户输入"001",就会显示"001"。

(2) 在需要输入的内容前加上撇号。

上述方法比较麻烦。在输入由数字构成的文本型数据时,有一种更简便的方法,就是在需要输入的内容前加上撇号,用以注释将当前所输入的内容按文本格式处理。例如：在单元格中输入"'001",就可以完成"001"这个文本型数据的输入。

3. 使用自动填充录入内容

在 WPS 表格中录入数据时,最强的功能莫过于自动填充了,使用自动填充可以使用户在输入或更改内容时提高效率,节省时间。下面介绍几种在 WPS 表格中常用的自动填充的方法。

(1) 使用自动填充复制内容。

当需要在一列或者一行输入相同内容时,用户可以使用自动填充来快速地实现。

【例 6-4】 在"2020—2021 学年第 1 学期软件工程 1805 班成绩表"中添加一个新的字段"专业",然后给所有的学生加上"软件工程"这一字段,操作步骤如下。

步骤 1：首先打开"2020—2021 学年第 1 学期软件工程 1805 班成绩表",在"序号"字段后插入新的一列,在 B2 单元格中输入字段名"专业",并在 B3 单元格中输入"软件工程"。

步骤 2：选定 B3 单元格,在黑色边框的右下角有一个黑色的小正方形,称之为填充柄,如图 6-5 中圆圈标识部分所示。

步骤 3：拖动填充柄到对应记录的最后一个单元格释放鼠标,或者双击填充柄,列表中这一列单元格将都以"软件工程"填充。

第6章　WPS表格应用

图 6-5　填充柄

（2）填充序列。

自动填充不仅可以复制内容，还可以对有序的序列进行自动填充，系统会根据前面单元格的内容计算步长值自动对序列进行填充。

【例 6-5】 以步长值填充序列，操作步骤如下。

步骤1：在不同列的前两个单元格中分别填"001""002"和"001""003"，选定这两列前两个元素所在的单元格。

步骤2：按住黑色边框的右下角的填充柄，向下拖动，一直到填充的值为"016"和"031"为止，如图 6-6 和图 6-7 所示。

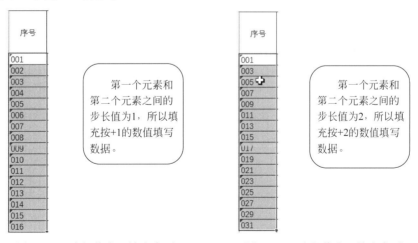

图 6-6　以步长值为 1 填充序列　　　图 6-7　以步长值为 2 填充序列

（3）填充日期。

填充日期可以选择不同的日期单位，如工作日，则在填充日期的时候将忽略周末或其他国家法定节假日。

【例 6-6】 用序列填充日期,操作步骤如下。

步骤 1:在 A1 单元格中输入日期"2020/5/3",选定单元格 A1:A10。

步骤 2:在"开始"选项卡中单击"填充"按钮,在下拉列表中单击"序列"选项,如图 6-8 所示。

步骤 3:在弹出的"序列"对话框中选择"日期"类型,日期单位选择"工作日",步长值设置为 1。

步骤 4:单击"确定"按钮显示结果,可以从显示结果中看出系统忽略了 2020/5/9(周六)和 2020/5/10(周日)这两天,如图 6-9 所示。

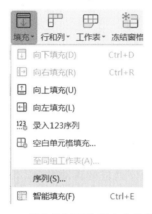

图 6-8 填充按钮下拉列表中的序列

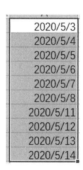

图 6-9 填充结果

(4) 创建自定义序列填充内容。

如果用户所需的序列比较特殊,如张三、李四、王五、赵六,那么就需要先进行定义,再像内置序列那样使用。

【例 6-7】 自定义序列"张三、李四、王五、赵六",操作步骤如下。

步骤 1:单击"文件",找到"选项"按钮,如图 6-10 所示。

步骤 2:单击"选项"按钮,在弹出的"选项"对话框中选择"自定义序列",在"输入序列"列表框中输入自定义序列的全部内容,每输入一条按一次 Enter 键,如图 6-11 所示,完成后单击"添加"按钮。

步骤 3:当输入的整个序列被添加到自定义序列后,单击"确定"按钮。

步骤 4:创建好了自定义序列,在 B1 单元格中输入"张三",用拖放填充柄的方法即可进行序列填充。

4. 获取外部数据

WPS 表格还可以获取外部数据,单击"数据"选项卡,找到"导入数据"按钮并单击,弹出的对话框如图 6-12 所示,选择数据源(如 Access、SQL Server 等)产生的文件,也可以导入网页、文本文件、XML 文件中的数据等。

图 6-10 "选项"按钮

图 6-11 "自定义序列"对话框

图 6-12 选择数据源

6.2　学生成绩分析

一学期结束了,教学干事小刘从教务系统中导出了软件工程专业几个班的学生成绩表,下面我们协助小刘按以下要求进行成绩分析和管理。

(1) 打开"成绩表.xlsx"文件,将工作表"Sheet1"重命名为"成绩表"。

(2) 按照"001、002……"的顺序填充"成绩表"中"序号"列。

(3) 根据原始成绩计算并填充"总分""平均分""排名"这三列的内容。

(4) 在"成绩表"中的"姓名"列前插入一列"班级",学号的第3和第4位代表学生所在班级,如学号"180206"代表18级2班6号。请提取每个学生所在的班级,并按如图6-13所示的对应关系填写在"班级"列中。

学号的3、4位	对应班级
01	1班
02	2班
03	3班

图6-13　学号、班级的对应关系

(5) 标出"成绩表"中各科目不及格的成绩,如将所在单元格以粉红色填充,深红色文本显示。

(6) 美化"成绩表":在"成绩表"顶端插入标题行"软件工程专业2020-2021-1学期成绩表",设置其格式,让其在整个表格左右居中;将有小数的成绩列设为保留一位小数的数值;适当加大行高列宽,改变字体、字号,设置对齐方式;设置适当的边框和底纹使"成绩表"更加美观。

(7) 在"成绩表"后面新建一个工作表"期末成绩分析",求出每科的最高分、最低分、平均成绩,统计每科优秀人数(80分以上)、及格人数(60~80分)、不及格人数(60分以下)。

(8) 根据"成绩表"的姓名和平均分,插入簇状柱形图,创建的图表在"成绩表"工作表的后面。

6.2.1　工作表的基本操作

1. 新建工作表

WPS表格新建的工作簿中默认只包含一张工作表"Sheet1",一个工作簿可以包含的工作表数量是没有限制的。当用户需要在工作簿中新增工作表时,通常可以单击工作表标签区中的"新建工作表"按钮,如图6-14所示。

或者在"Sheet1"工作表标签上右击,弹出的菜单如图6-15所示,然后单击"插入",则会弹出"插入工作表"对话框,这时可以输入插入数目,还可以选择插入位置,如"当前工作表之后"或"当前工作表之前",如图6-16所示。

图6-14　"新建工作表"按钮

2. 工作表的其他操作

在图6-15所示的菜单中可以看到工作表中的其他操作:删除工作表、重命名、移动或复制工作表、保护工作表、工作表标签颜色、隐藏等。

移动或复制工作表也是工作表的常用操作之一。假如要对"成绩表"进行备份,就需要进行复制操作。如果工作簿中有很多工作表,需要把经常使用的工作表放在前面,这时就要进行移动操作。工作表的移动和复制可以在同一个工作簿中进行,也可以在不同的工作簿中进行。移动操作和复制操作如何区分呢?在"移动或复制工作表"对话框中,如果选定"建立副本"复选框,那么进行复制工作表的操作,否则就进行移动工作表的操作,如图 6-17 所示。

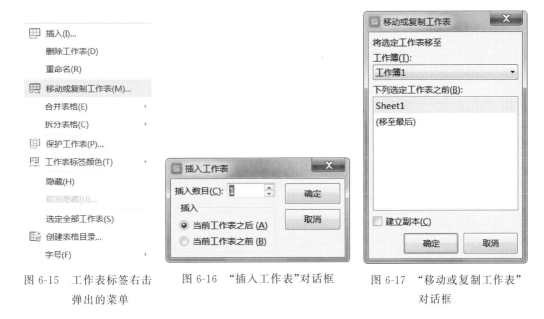

图 6-15　工作表标签右击　　图 6-16　"插入工作表"对话框　　图 6-17　"移动或复制工作表"
　　　　　弹出的菜单　　　　　　　　　　　　　　　　　　　　　　　　　对话框

6.2.2　工作表的美化

1. 设置单元格格式

(1) 设置数字格式。

"开始"选项卡中的"单元格格式:数字"组中的按钮,如图 6-18 所示,使用这些按钮可以改变数字(包括日期)在单元格中的显示形式,但是不改变编辑栏中的显示形式。

图 6-18　"单元格格式:数字"组按钮

数字格式的分类主要有常规、数值、货币、会计专用、短日期、长日期、时间、百分比、分数、科学记数、文本和其他数字格式。单击数字格式分类下拉列表中的"其他数字格式",或者单击"单元格格式：数字"组中右下角小箭头，会弹出"单元格格式"对话框，如图 6-19 所示。其中，"数值"项可以设置数值的小数位数；"货币"项和"会计专用"项可以设置货币的小数位数，同时还可以设置不同国家的货币表现符号；"日期"项和"时间"项可以设置日期和时间的表现形式，也可以设置国家区域；"百分比"项可以设置以百分数的形式显示数值，以及保留几位小数；等等。

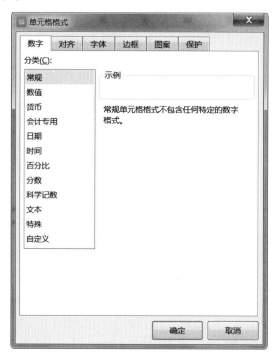

图 6-19 "单元格格式"对话框

（2）设置字体和对齐方式。

"开始"选项卡中的"字体设置"组中的按钮，如图 6-20 所示，使用这些按钮可以设置单元格内容的字体、颜色、下画线和特殊效果等。"单元格格式：对齐方式"组中的按钮，如图 6-21 所示，使用这些按钮可以设置单元格中内容的水平对齐方式、垂直对齐方式、文本方向、自动换行和合并居中等。若要将几个单元格合并，则需同时选定这些单元格，然后使用"合并居中"按钮进行设置，合并后的单元格内容只能保留刚才选定区域中最左上角单元格中的内容。若要取消合并单元格，则选定已合并的单元格，再次单击"单元格格式：对齐方式"组中的"合并居中"按钮即可，但因合并单元格被删除的内容不会再恢复。

使用如图 6-19 所示的"单元格格式"对话框中"字体"标签或者"对齐"标签中的选项，也可以完成上述这些设置，并且包含更多的字体和对齐方式设置的功能。

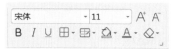 

图 6-20 "字体设置"组按钮　　　图 6-21 "单元格格式：对齐方式"组按钮

(3) 设置单元格边框。

在 WPS 表格中,工作表中的预设边框是为了显示和编辑的需要,在打印时是没有边框线的,若需要添加边框线,则需要选定单元格区域进行设置。

单击"单元格格式"对话框中"边框"标签,如图 6-22 所示,可以使用"预置"选项组为所选单元格或单元格区域设置"无""外边框""内部";利用"边框"选项为所选区域分别设置上边框、下边框、左边框、右边框和斜线等;利用"线条"选项设置边框的线型和颜色。如果要取消已设置的边框,那么选择"预置"选项组中的"无"即可。

(4) 设置单元格填充颜色。

单击"单元格格式"对话框中的"图案"标签,可以设置突出显示某些单元格或单元格区域,为这些单元格设置背景色和图案,如图 6-23 所示。

图 6-22　边框设置

图 6-23　图案设置

2．设置列宽和行高

在 WPS 表格中设置行高和列宽时,若对尺寸没有精确要求,可以通过鼠标拖动来调整;若有精确尺寸要求,可以在行高和列宽对话框中选择单位后输入数值设置。行高和列宽的单位可更改,行高的单位默认为磅,列宽的单位默认为字符。

(1) 设置列宽。

① 使用鼠标粗略设置列宽。

将鼠标指针指向要改变列宽的列标之间的分隔线上,当鼠标指针变成水平双向箭头形状时,按住鼠标左键并拖动鼠标,直至将列宽调整到合适宽度,放开鼠标即可。

② 使用"列宽"对话框精确设置列宽。

选定需要调整列宽的区域,单击"开始"选项卡中的"行和列"下拉按钮,在弹出的下拉列表中单击"列宽",会弹出"列宽"对话框,在"列宽"对话框中可精确设置列宽。

(2) 设置行高。

① 使用鼠标粗略设置行高。

将鼠标指针指向要改变行高的行号之间的分隔线上,当鼠标指针变成垂直双向箭头形状时,按住鼠标左键并拖动鼠标,直至将行高调整到合适高度,放开鼠标即可。

② 使用"行高"对话框精确设置行高。

选定需要调整行高的区域,单击"开始"选项卡中的"行和列"下拉按钮,在弹出的下拉列表中单击"行高",会弹出"行高"对话框,在"行高"对话框中可精确设置行高。

3. 设置条件格式

条件格式可以使数据在满足不同的条件时,显示不同的格式。单击"开始"选项卡中的"条件格式"下拉按钮,在弹出下拉菜单中选择相应的规则即可。

4. 表格样式

表格样式是单元格字体、字号、对齐、边框和图案等一个或多个设置特性的组合,将这样的组合加以命名和保存供用户使用。应用表格样式即应用表格样式名中的所有格式设置。

表格样式包括内置样式和自定义样式。内置样式为 WPS 表格内部定义的样式,用户可以直接使用;自定义样式是用户根据需要自定义的组合设置,须定义样式名。

表格样式设置是利用"开始"选项卡中的"表格样式"下拉按钮设置,如图 6-24 所示。

6.2.3 认识公式和函数

1. 认识公式

WPS 表格中的公式是一种对工作表中的数值进行计算的等式,它可以帮助用户快速地完成各种复杂的运算。公式以"="开始,其后是表达式,如"=A1+A2"。

利用公式可以对工作表中的数据进行各种运算,公式中包含的元素有运算符、函数、常量、单元格引用、单元格区域引用,如图 6-25 所示。

常量:直接输入到公式中的数字或者文本,是不用计算的值。

单元格引用:单元格地址名称,引用该单元格中的数据。

单元格区域引用:单元格区域名称,引用该单元格区域中的数据。

函数:包括函数及它们的参数。

运算符:连接公式中的基本元素并完成特定运算的符号,如"+"">""&"等,不同的运算符完成不同的运算。

在 WPS 表格中,公式中的运算符有算术运算符、比较运算符、文本连接运算符和引用

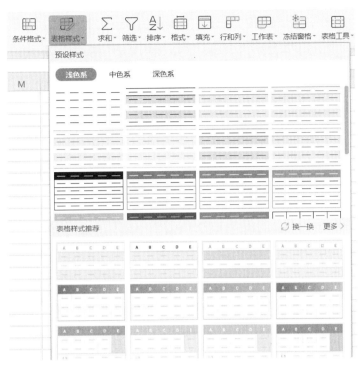

图 6-24 "表格样式"的下拉列表

运算符四种类型。

(1) 算术运算符。

算术运算符包含加、减、乘、除和幂等运算符,如图 6-26 所示。

(2) 比较运算符。

比较运算符能够比较两个或者多个数字、文本串、单元格内容、函数结果的大小关系,比较的结果为逻辑值,TRUE 或者 FALSE,如图 6-27 所示。

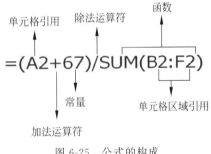

图 6-25 公式的构成

算术运算符	含义	示例
+	加号	2+1
-	减号	2-1
*	乘号	3*5
/	除号	4/2
%	百分号	30%
^	乘幂号	4^2

图 6-26 算术运算符

(3) 文本连接运算符。

文本连接运算符用"&"表示,用于将两个文本连接起来合并成一个文本。例如:公式="江西"&"萍乡"的结果就是"江西萍乡";A1 单元格内容为"WPS",B2 单元格内容为"教程",若要使 C1 单元格内容为"WPS 教程",则公式应该写成"=A1&B2"。

比较运算符	含义	示例
=	等于	A2=B1
>	大于	A2>B1
<	小于	A2<B1
>=	大于或等于	A2>=B1
<=	小于或等于	A2<=B1
<>	不等于	A2<>B1

图 6-27 比较运算符

（4）引用运算符。

引用运算符可以把两个单元格或者两个单元格区域结合起来生成一个联合引用，常用的引用运算符如图 6-28 所示。

引用运算符	含义	示例
:（冒号）	区域运算符，生成对两个引用之间所有单元格的引用	A5:A8
,（逗号）	联合运算符，将多个引用合并为一个引用	SUM(A5:A10，B5:B10)（引用A5:A10和B5:B10两个单元格区域）
（空格）	交集运算符，产生对两个引用共有的单元格的引用	SUM(A1:F1，B1:B3)(引用A1:F1和B1:B3两个单元格区域相交的B1单元格)

图 6-28 引用运算符

这四类运算符的优先级从高到低依次为引用运算符、算术运算符、文本运算符、关系运算符。当多个运算符同时出现在公式中时，按运算符的优先级进行运算，优先级相同时，自左向右运算。

2．公式的使用方法

公式在 WPS 表格中的作用就是为用户完成某种特定的运算。

（1）输入公式。

在 WPS 表格中使用公式必须遵循特定的语法，即在公式的最开始位置必须是以"="开头的，其后跟的是参与公式的运算符和元素，元素可以是前面介绍的常量或单元格的引用等。

【例 6-8】 中国高铁的飞速发展是中国经济、科技快速发展的缩影。中国高铁也成了中国发展、中国成就、中国价值的一张独特而靓丽的"名片"。相信未来中国在高铁事业方面的发展将会更加辉煌与壮丽，会为世界上的人们带来更多福祉与便利！下面让我们来完成"世界各国高铁运营里程排行"工作表中"两年增长里程（千米）"列的数据录入，操作步骤如下。

步骤 1：选择需要输入公式的单元格。工作表中"两年增长里程（千米）"所在列为 E 列，选定 E3 单元格，如图 6-29 所示。

步骤 2：在 E3 单元格内输入公式。先输入"="号，然后对需要参与运算的单元格进行引用。可以单击需要引用的单元格，也可以在 E3 中直接输入，如图 6-30 所示。使用运算符"－"将需要引用的单元格连接起来，可以从图 6-30 所示的不同颜色的边框中看到该公式引用了多少个单元格。

	A	B	C	D	E	F
1	世界各国高铁运营里程排行					
2	排名	国家/地区	2018年（千米）	2020年（千米）	两年增长里程（千米）	2020年全球占有率
3	1	中国	22 000	38 875		
4	2	西班牙	3100	4900		
5	3	日本	2765	3637		
6	4	德国	3038	3368		
7	5	法国	2658	3345		
8	6	土耳其	1420	3137		
9	7	俄罗斯	645	2385		
10	8	美国	44.8	1956		
11	9	英国	1377	1927		
12	10	瑞典	1706	1827		
13	11	韩国	880	1529		
14	12	伊朗	900	1351		
15	13	意大利	923	1115		
16		其他国家	1000	8783		
17		全球总里程				

图 6-29 "世界各国高铁运营里程排行"工作表

	A	B	C	D	E	F
1	世界各国高铁运营里程排行					
2	排名	国家/地区	2018年（千米）	2020年（千米）	两年增长里程（千米）	2020年全球占有率
3	1	中国	22 000	38 875	=D3-C3	
4	2	西班牙	3100	4900		
5	3	日本	2765	3637		

图 6-30 输入公式

步骤3：按下 Enter 键查看运算结果，如图 6-31 所示。

	A	B	C	D	E	F
1	世界各国高铁运营里程排行					
2	排名	国家/地区	2018年（千米）	2020年（千米）	两年增长里程（千米）	2020年全球占有率
3	1	中国	22 000	38 875	16 875	
4	2	西班牙	3100	4900		
5	3	日本	2765	3637		

图 6-31 显示结果

注意：E3 单元格中显示计算结果，但编辑栏中仍显示公式。

（2）复制公式。

工作表中其他国家两年增长里程的计算方法和中国的一样，那么我们需要像前面那样在每个单元格中重新写入公式吗？答案当然是否定的。我们只需要复制 E3 单元格的公式，将其应用在后面单元格中即可，最简单的公式复制方法就是填充柄的拖放或双击。

3．函数的使用

WPS 表格中所提的函数其实是一些预定义的公式，它们使用一些称为参数的特定数值按特定的顺序或结构进行计算。简单点说，函数是一组功能模块，使用函数能帮助用户实现某种功能。

函数一般包含三部分:"等号(=)""函数名"和"参数"。例如:"=SUM(A1:A5)",SUM 是求和函数的函数名,(A1:A5)是函数的参数,告诉函数求 A1 到 A5 所有单元格的和。下面通过学生成绩表来学习如何使用函数快速地完成数据的计算和统计。

【例 6-9】 完成"世界各国高铁运营里程排行"工作表中"全球总里程"行中数据的录入,操作步骤如下。

步骤 1:选定需要插入函数的 C17 单元格,单击"公式"选项卡中的"插入函数"按钮,或单击"编辑栏"中的"fx"按钮,弹出的"插入函数"对话框如图 6-32 所示。

图 6-32 "插入函数"对话框

步骤 2:在弹出的对话框内选择 SUM 函数,之后在"函数参数"对话框中的"数值 1"中选择或输入需要求和的单元格,如图 6-33 所示,单击"确定"即可。

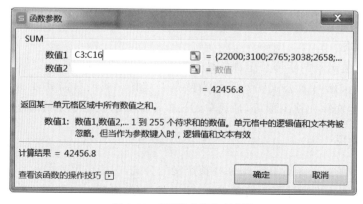

图 6-33 "函数参数"对话框

在 WPS 表格中,常用的函数有求和(SUM)、平均数(AVERAGE)、最大值(MAX)、最小值(MIN)、计数(COUNT)等。单击"开始"选项卡中的"∑"下拉按钮,会弹出一个下拉列表,这些常用函数可以在下拉列表中进行选择,如图 6-34 所示。如果要选择的函数没有显示在"插入函数"对话框中的"常用函数"中,请在选择类别框中选择"全部函数",所有函数按字母排序。例如:COUNTIF 函数用来统计条件区域中满足指定条件单元格的个数;IF 函数用来根据条件是否成立返回相应的表达式值;INT 函数用来对数值取整;ABS 函数是求绝对值函数;等等。这些也属于数据计算和分析中经常会用到的函数。

图 6-34 常用函数

4. 单元格的引用

在使用例 6-8 中的公式进行计算时,公式中用到了单元格的地址 D3 和 C3,也称为单元格的引用。所谓的引用就是在公式中所使用的数据元素是来源于其他单元格的。WPS 表格中的引用分为相对应用、绝对引用和混合引用。

(1) 相对引用。

在例 6-8 中,不少同学可能会纠结这样一个问题,那就是计算中国两年增长里程的公式为"=D3-C3",如果把该公式复制到其他国家中去计算的话,得到的结果会不会和中国的结果一样呢?答案是否定的。这是因为在复制公式并粘贴时,WPS 表格默认使用的是相对引用。相对引用就是当前单元格与公式所在单元格的相对位置。如图 6-35 所示,我们可以看到,对公式进行相对引用时,公式其实已经发生了变化。

图 6-35 复制公式的结果

产生这种变化的原因在于,中国的两年增长里程是 2020 年的数量减去 2018 年的数量。当将公式向下填充,到了西班牙一行时,由于单元格地址的相对引用,西班牙的两年增长里程也是其左边的两个数相减的结果,这个公式计算的结果当然是正确的。大家可以思考一下如果将 E3 的公式向右填充,公式会是怎样的呢?

(2) 绝对引用。

绝对引用是指公式复制到新的位置后公式中的单元格地址不会随着新的位置而改变,与其所包含公式的单元格位置无关。绝对引用是通过"冻结"单元格地址来达到效果的。在 WPS 表格中,用户想要使用绝对引用就必须在单元格地址的行坐标和列坐标的前面添加"$"符号。通过以下例题来探究绝对引用的使用方法。

【例 6-10】 完成"世界各国高铁运营里程排行"工作表中"2020 年全球占有率"列数据的录入,操作步骤如下。

步骤 1:在 F3 单元格中输入公式,并对全球总里程所在单元格 D17 使用"$D$17"进行绝对引用,如图 6-36 所示,按 Enter 键确认。

SUM　=D3/$D$17

	A	B	C	D	E	F
1	世界各国高铁运营里程排行					
2	排名	国家/地区	2018年(千米)	2020年(千米)	两年增长里程(千米)	2020年全球占有率
3	1	中国	22 000	38 875	16 875	=D3/$D$17
4	2	西班牙	3100	4900	1800	
5	3	日本	2765	3637	872	

图 6-36　在公式中使用绝对引用

步骤 2:复制 F3 单元格内容填充下面各行,如图 6-37 所示,从编辑栏中我们可以看到,填充到西班牙这一行时,公式中的第一个参数已经发生了变化,但是第二个参数由于是绝对引用则仍是 D17。

F4　=D4/$D$17

	A	B	C	D	E	F
1	世界各国高铁运营里程排行					
2	排名	国家/地区	2018年(千米)	2020年(千米)	两年增长里程(千米)	2020年全球占有率
3	1	中国	22 000	38 875	16 875	0.4975 3631 5
4	2	西班牙	3100	4900	1800	0.0627 1197 3
5	3	日本	2765	3637	872	0.0465 4764 2

图 6-37　使用绝对引用后复制公式

步骤 3:选定 F3:F16 单元格,设置数字格式为百分比形式,显示结果如图 6-38 所示。

	A	B	C	D	E	F
1	世界各国高铁运营里程排行					
2	排名	国家/地区	2018年(千米)	2020年(千米)	两年增长里程(千米)	2020年全球占有率
3	1	中国	22 000	38 875	16 875	49.75%
4	2	西班牙	3100	4900	1800	6.27%
5	3	日本	2765	3637	872	4.65%
6	4	德国	3038	3368	330	4.31%
7	5	法国	2658	3345	687	4.28%
8	6	土耳其	1420	3137	1717	4.01%
9	7	俄罗斯	645	2385	1740	3.05%
10	8	美国	44.8	1956	1911.2	2.50%
11	9	英国	1377	1927	550	2.47%
12	10	瑞典	1706	1827	121	2.34%
13	11	韩国	880	1529	649	1.96%
14	12	伊朗	900	1351	451	1.73%
15	13	意大利	923	1115	192	1.43%
16	14	其他国家	1000	8783	7783	11.24%
17	全球总里程		**42 456.8**	**78 135**	35 678.2	

图 6-38　完成的"世界各国高铁运营里程排行"

(3) 混合引用。

绝对引用是在单元格的行号和列标前面都加上"$"符号用来固定住单元格的位置;而混合引用则是只固定行或只固定列,如 $B1 和 B$1。混合引用是相对引用地址和绝对引用地址的混合使用。$B1 是列不变,行变化;B$1 是列变化,行不变。

6.2.4　图表的操作

1. 认识图表

WPS 表格能够将电子表格中的数据转换成各种类型的统计图表,更直观地揭示数据之间的关系,反映数据的变化规律和发展趋势,使用户能一目了然地进行数据分析。当工作表中的数据发生变化时,图表也会相应改变,不需要重新绘制。

WPS表格提供了十余种图表类型,每一类又有若干种子类型,并且有很多二维和三维图表类型可供选择。常用的图表类型有以下几种。

(1)柱形图:它用于显示一段时间内数据变化或各项之间的比较情况。柱形图简单易用,是很受欢迎的图表形式之一。

(2)条形图:它可以看作是横着的柱形图,用来描绘各个项目之间数据差别情况。它强调的是在特定的时间点上进行分类和数值的比较。

(3)折线图:它是将同一数据系列的数据点在图中用直线连接起来,以等间隔显示数据的变化趋势。

(4)面积图:它用于显示某个时间阶段总数与数据系列的关系,又称之为面积形式的折线图。

(5)饼图:它能够反映出统计数据中各项所占的百分比或是某个单项占总体的比例,使用该类图表便于查看整体与个体之间的关系。

(6) XY散点图:它通常用于显示两个变量之间的关系,利用散点图可以绘制函数曲线。

(7)圆环图:它类似于饼图,但在其中央空出了一个圆形区域。它也用来表示各部分与整体之间的关系,但是可以包含多个数据系列。

(8)气泡图:它类似于XY散点图,但是它是对成组的三个数值而非两个数值进行比较。

(9)雷达图:它用于显示数据中心及数据类别之间的变化趋势,可对数值无法表现的倾向分析提供良好的支持。为了能在短时间内把握数据相互间的平衡关系,用户也可以使用雷达图。

WPS表格可以快速方便地制作一些商务图表,如层次结构图中的树状图、旭日图,统计图表中的直方图、箱形图,还有瀑布图,等等。WPS表格还可以创建自定义组合图表。

2. 创建图表

了解了图表的类型之后,用户就可以根据需要创建图表了。图表是数据特征的一种体现,因此要使用图表就必须要有相应的数据对象。例如:可以使用饼图来显示"世界各国高铁运营里程排行"工作表中各国2020年全球占有率情况。

【例6-11】 使用"世界各国高铁运营里程排行"工作表中的2020年全球占有率创建图表,操作步骤如下。

步骤1:打开"世界各国高铁运营里程排行"工作表,使用Ctrl键分别选择图表中需要使用到的两列数据,B列数据和F列数据,如图6-39所示。

步骤2:单击"插入"选项卡中的"饼图"按钮,在弹出的列表中单击"二维饼图"中的第一个"饼图"。

步骤3:单击后,图表就会出现在工作表的空白区域,效果如图6-40所示。

3. 编辑图表

在创建图表之后,用户还可以对图表进行修改、编辑,包括更改图表类型、选择图表布局

排名	国家/地区	2018年（千米）	2020年（千米）	两年增长里程（千米）	2020年全球占有率
			世界各国高铁运营里程排行		
1	中国	22 000	38 875	16 875	50%
2	西班牙	3100	4900	1800	6%
3	日本	2765	3637	872	5%
4	德国	3038	3368	330	4%
5	法国	2658	3345	687	4%
6	土耳其	1420	3137	1717	4%
7	俄罗斯	645	2385	1740	3%
8	美国	44.8	1956	1911.2	3%
9	英国	1377	1927	550	2%
10	瑞典	1706	1827	121	2%
11	韩国	880	1529	649	2%
12	伊朗	900	1351	451	2%
13	意大利	923	1115	192	1%
14	其他国家	1000	8783	7783	11%
全球总里程		42 456.8	78 135	35 678.2	

图 6-39 选择数据

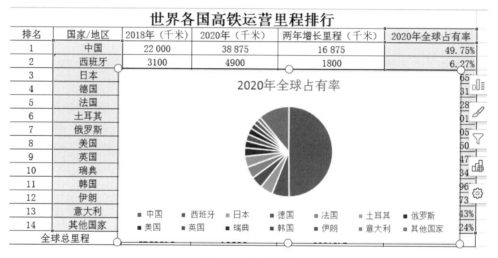

图 6-40 插入饼图

和图表样式等。这些操作通过"图表工具"选项卡中的相应功能来实现。该选项卡在选定图表后会自动出现，其内容如图 6-41 所示，可以完成如下操作。

图 6-41 "图表工具"选项卡

（1）添加元素：显示或隐藏主要横坐标轴与主要纵坐标轴；显示或隐藏网格线；添加或修改图表标题、坐标轴标题、图例、数据标签和数据表；添加误差线、趋势线、涨/跌柱线和线条等。

（2）快速布局：快速套用集中内置的布局样式，更改图表的整体布局。

（3）更改颜色：自定义图表颜色。

（4）更改图表样式：为图表应用内置样式。

（5）在线图表：为图表应用线上会员样式。

（6）更改类型：重新选择合适的图表。
（7）切换行列：将图表中的 X 轴数据和 Y 轴数据对调。
（8）选择数据：打开"选择数据源"对话框，在其中可以编辑、修改系列和分类轴标签。
（9）移动图表：某工作簿中的图表可移动到其他工作簿中。

4．格式化图表

生成一个图表后，为了获得更理想的显示效果，可以对图表的各个对象进行格式化。这些操作可以通过"图表工具"选项卡格式化区域来完成，如图 6-41 最右侧区域所示。选择图表的不同区域（图表区、绘图区、图表标题、图例、系列），设置格式和重置样式。

6.2.5　案例实现

1．重命名工作表

步骤 1：打开"成绩表.xlsx"文件
步骤 2：右击工作表标签"Sheet1"，在弹出的菜单中单击"重命名"，并输入"成绩表"。

2．在"序号"列录入数据

步骤 1：选定 A2 单元格，输入"'001"，按"Enter"键确认，单元格中显示"001"，并左对齐。特别需要注意的是，在数字前面输入的必须是英文状态下的单引号。
步骤 2：选定 A2 单元格，将填充柄往下拖放，进行自动填充，完成序号的顺序填充。

3．计算并填充"总分""平均分""排名"这三列的内容

步骤 1：选定"总分"列的第一个要填充的单元格 K2，单击"开始"选项卡中的"Σ"按钮。
步骤 2：选定 K2 单元格中的填充柄，向下拖放填充柄或者双击填充柄，填充所有学生的总分项。

步骤 3：选定"平均分"列的第一个要填充的单元格 L2，单击"开始"选项卡中的"Σ"下拉列表中的"平均值"，L2 单元格中会自动填充"=AVERAGE(E2:K2)"，在编辑栏中将 AVERAGE 函数中的单元格引用修改成"E2:J2"，然后单击"√"按钮确认。

步骤 4：选定 L2 单元格，使用填充柄复制公式填充所有学生的平均分项。

步骤 5：选定"排名"列的第一个要填充的单元格 M2，在"公式"选项卡中单击"其他函数"。

步骤 6：在弹出的下拉列表中找到"统计"中的"RANK.EQ"函数，如图 6-42 所示。RANK.EQ 函数用于返回一个数字在数字列表中的排位，若多个值具有相同的排位，则返回该组数值的最佳排位，可以使用这个函数完成总分从高到低的排名。

图 6-42　统计函数

步骤7:单击"RANK.EQ"后弹出"函数参数"对话框,在参数"数值"中输入"K2",在参数"引用"中输入"$K$2:$K$31",参数"排位方式"省略,如图6-43所示。

图6-43 RANK.EQ函数的"函数参数"对话框

步骤8:单击"确定"后,M2单元格中显示第一个学生的排名为4,复制公式完成所有学生的"排名"列的填充。当总分相同时,排名也相同。"总分""平均分""排名"三列的填充结果如图6-44所示。

序号	专业	学号	姓名	专业英语/专业核心课/2	网络营销/专业核心课/3	JavaEE应用开发/专业限选课/2.5	Android提高/专业限选课/2.5	就业指导/实践课/0.5	Web前端开发/专业核心课/3	总分	平均分	排名
001	软件工程	18016005	张三丰	84	82	85	72	92	80	495	82.5	4
002	软件工程	18016008	韦小宝	71	70	80	66	83	84	454	75.66667	20
003	软件工程	18036004	郭靖	78	81	88	69	93	81	490	81.66667	8
004	软件工程	18026001	杨康	84	87	87	79	94	83	514	85.66667	2
005	软件工程	18036002	欧阳锋	74	80	85	67	76	77	459	76.5	17
006	软件工程	18026009	洪七公	74	64	66	50	81	60	395	65.83333	27
007	软件工程	18016007	黄药师	84	82	85	72	92	80	495	82.5	4
008	软件工程	18026006	黄蓉	15	60	78	46	87	49	335	55.83333	30
009	软件工程	18026002	任盈盈	73	80	82	62	92	74	463	77.16667	15
010	软件工程	18036002	令狐冲	60	75	66	53	76	58	388	64.66667	28
011	软件工程	18016003	杨过	75	82	92	60	81	72	462	77	16
012	软件工程	18036001	小龙女	79	83	89	75	98	81	505	84.16667	3
013	软件工程	18016002	郭芙	69	72	88	62	81	74	446	74.33333	22
014	软件工程	18016001	郭襄	72	79	61	68	87	70	437	72.83333	23
015	软件工程	18026008	段誉	57	80	58	61	76	74	406	67.66667	26
016	软件工程	18026005	萧峰	57	74	40	54	92	56	373	62.16667	29
017	软件工程	18016010	陆无双	72	75	84	72	82	70	455	75.83333	19
018	软件工程	18016004	王语嫣	75	81	92	91	94	88	521	86.83333	1
019	软件工程	18016006	木婉清	77	82	84	68	87	76	474	79	11

图6-44 "总分""平均分""排名"三列的填充结果

4. 填充"班级"列数据

步骤1:单击列标D,选定"姓名"所在列,右击弹出快捷菜单,选择"插入",在新的一列中的D1单元格中输入"班级"。

步骤2:在D2单元格中输入公式"=VALUE(MID(C2,3,2))&"班"",如图6-45所示。在这个公式中,MID(C2,3,2)函数表示C2单元格中的字符串从第3位开始取2位;VALUE函数的作用是将这个字符串转换成数值表示,如VALUE("01"),则返回数值1;"&"是文本连接符,将返回数值和"班"字连接成一个完整的字符串。

步骤3:使用填充柄复制公式填充所有学生的班级项。

图 6-45　D2 单元格中显示的公式

5．使用"条件格式"标出不及格的成绩

步骤 1：选定所有科目的成绩所在单元格区域 F2:K31。

步骤 2：单击"开始"选项卡中"条件格式"下"突出显示单元格规则"中的"小于"，如图 6-46 所示，弹出"小于"对话框。

图 6-46　设置"条件格式"

步骤 3：在弹出的"小于"对话框中，设置小于的值为"60"，"设置为"的内容为"浅红填充色深红色文本"，如图 6-47 所示，单击"确定"。使用"条件格式"标出不及格成绩的效果如图 6-48 所示。

图 6-47　"小于"对话框

6．美化"成绩表"

步骤 1：单击行号 1 选定第一行，右击弹出快捷菜单，单击"插入"，便可插入新的一行。

步骤 2：在 A1 单元格中输入"软件工程专业 2020-2021-1 学期成绩表"，选定 A1 到 N1 的单元格，单击"合并居中"按钮，设置字号为 22，字体加粗。

步骤 3：选定"平均分"列中的数值，使用"开始"选项卡中的"减少小数位数"和"增加小数位数"按钮，将平均分调整为一位小数。

步骤 4：选定 A2 到 N32 的单元格，设置字号为"14"，对齐方式为"居中对齐"，边框设为

序号	专业	学号	班级	姓名	专业英语/专业核心课/2	网络营销/专业核心课/3	JavaEE应用开发/专业限选课/2.5	Android提高/专业限选课/2.5	就业指导/实践课/0.5	Web前端开发/专业核心课/3	总分	平均分	排名
001	软件工程	18016005	1班	张三丰	84	82	85	72	92	80	495	82.5	4
002	软件工程	18016008	1班	韦小宝	71	70	80	66	83	84	454	75.6666 7	20
003	软件工程	18036004	3班	郭靖	78	81	88	69	93	81	490	81.6666 7	8
004	软件工程	18026001	2班	杨康	84	87	87	79	94	83	514	85.6666 7	2
005	软件工程	18036002	3班	欧阳锋	74	80	85	67	76	77	459	76.5	17
006	软件工程	18026009	2班	洪七公	74	64	66	50	81	60	395	65.8333 3	27
007	软件工程	18016007	1班	黄药师	84	82	85	72	92	80	495	82.5	4
008	软件工程	18026006	2班	黄蓉	15	60	78	46	87	49	335	55.8333 3	30
009	软件工程	18026002	2班	任盈盈	73	80	82	62	92	74	463	77.1666 7	15
010	软件工程	18036003	3班	令狐冲	60	75	66	53	76	58	388	64.6666 7	28
011	软件工程	18016003	1班	杨过	75	82	92	60	81	72	462	77	16
012	软件工程	18036001	3班	小龙女	79	83	89	75	98	81	505	84.1666 7	3
013	软件工程	18016002	1班	郭芙	69	72	88	62	81	74	446	74.3333 3	22
014	软件工程	18016001	1班	郭襄	72	79	61	68	87	70	437	72.8333 3	23
015	软件工程	18026008	2班	段誉	57	80	58	61	76	74	406	67.6666 7	26
016	软件工程	18026005	2班	萧峰	57	74	40	54	92	56	373	62.1666 7	29
017	软件工程	18016010	1班	陆无双	72	75	84	72	82	70	455	75.8333 3	19
018	软件工程	18016004	1班	王语嫣	75	81	92	91	94	88	521	86.8333 3	1

图 6-48　使用"条件格式"标出不及格成绩的效果

"所有框线",在"行和列"按钮下选择"最适合的行高"和"最适合的列宽"。

步骤 5：选中 A2 到 N2 的单元格,设置标题行字体加粗,填充颜色为"浅灰色,％10"。美化后"成绩表"的效果如图 6-49 所示。

软件工程专业2020-2021-1学期成绩表

序号	专业	学号	班级	姓名	专业英语/专业核心课/2	网络营销/专业核心课/3	JavaEE应用开发/专业限选课/2.5	Android提高/专业限选课/2.5	就业指导/实践课/0.5	Web前端开发/专业核心课/3	总分	平均分	排名
001	软件工程	18016005	1班	张三丰	84	82	85	72	92	80	495	82.5	4
002	软件工程	18016008	1班	韦小宝	71	70	80	66	83	84	454	75.7	20
003	软件工程	18036004	3班	郭靖	78	81	88	69	93	81	490	81.7	8
004	软件工程	18026001	2班	杨康	84	87	87	79	94	83	514	85.7	2
005	软件工程	18036002	3班	欧阳锋	74	80	85	67	76	77	459	76.5	17
006	软件工程	18026009	2班	洪七公	74	64	66	50	81	60	395	65.8	27
007	软件工程	18016007	1班	黄药师	84	82	85	72	92	80	495	82.5	4
008	软件工程	18026006	2班	黄蓉	15	60	78	46	87	49	335	55.8	30
009	软件工程	18026002	2班	任盈盈	73	80	82	62	92	74	463	77.2	15
010	软件工程	18036003	3班	令狐冲	60	75	66	53	76	58	388	64.7	28
011	软件工程	18016003	1班	杨过	75	82	92	60	81	72	462	77.0	16
012	软件工程	18036001	3班	小龙女	79	83	89	75	98	81	505	84.2	3
013	软件工程	18016002	1班	郭芙	69	72	88	62	81	74	446	74.3	22
014	软件工程	18016001	1班	郭襄	72	79	61	68	87	70	437	72.8	23
015	软件工程	18026008	2班	段誉	57	80	58	61	76	74	406	67.7	26
016	软件工程	18026005	2班	萧峰	57	74	40	54	92	56	373	62.2	29

图 6-49　美化后"成绩表"的效果

7. 创建工作表"期末成绩分析"

步骤 1：单击工作表标签区的"＋"按钮,新建一个工作表,并将其重命名为"期末成绩分析"。

步骤 2：复制"成绩表"中的各科目名称,选定"期末成绩分析"的 B1 单元格,使用"粘贴"命令。在 A2、A3、A4、A5、A6、A7 单元格中分别输入"最高分""最低分""平均分""优秀人数""及格人数""不及格人数"。

步骤 3：选定"期末成绩分析"工作表中的 B2 单元格,单击"∑"下拉列表中的"最大值",插入 MAX 函数,单击工作表标签"成绩表",在"成绩表"中选定 F3 到 F32 的单元格,再返回"期末成绩分析"工作表,则编辑栏中的公式内容如图 6-50 所示,单击编辑栏中的"√"按钮确定即可。

图 6-50　求最高分的公式内容

步骤 4：选定"期末成绩分析"工作表中的 B3 单元格,单击"∑"下拉列表中的"最小值",插入 MIN 函数求最低分。

步骤 5：选定"期末成绩分析"工作表中的 B4 单元格,单击"∑"下拉列表中的"平均值",插入 AVERAGE 函数求平均分。

步骤 6：选定"期末成绩分析"工作表中的 B5 单元格,单击编辑栏中的"fx"按钮,弹出"插入函数"对话框,找到 COUNTIF 函数并单击,在弹出的"函数参数"对话框中进行参数设置,如图 6-51 所示,然后单击"确定"。

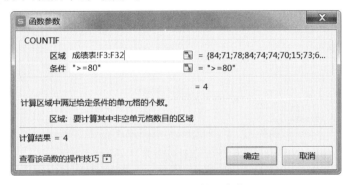

图 6-51　COUNTIF 函数的参数设置

步骤 7：复制 B5 单元格的内容到 B6 和 B7 单元格。

步骤 8：在编辑栏中编辑 B6 单元格的公式,改为"＝COUNTIF(成绩表!F3:F32,">＝60")－B5",此公式的含义是求出 60 分以上的人数减去 80 分以上的人数。

步骤 9：在编辑栏中编辑 B7 单元格的公式,改为"＝COUNTIF(成绩表!F3:F32,"<60")"。

当然,为了复制公式时不改变参数的行号,也可以在 B5 单元格的公式中使用混合引用,公式改为"＝COUNTIF(成绩表!F$3:F$32,">＝80")",这样可以固定行号。

步骤 10：选定 B2 到 B7 的单元格,使用拖放填充柄的方法将这些公式一起复制到其他科目对应的单元格中。"期末成绩分析"工作表的最终效果如图 6-52 所示。

	专业英语/专业核心课/2	网络营销/专业核心课/3	JavaEE应用开发/专业限选课/2.5	Android提高/专业限选课/2.5	就业指导/实践课/0.5	Web前端开发/专业核心课/3
最高分	84	87	92	91	98	88
最低分	15	60	40	46	76	49
平均分	70.76667	77.63333	79.53333	67.43333	87.1	74.7
优秀人数	5	17	20	4	26	10
及格人数	21	13	8	21	4	17
不及格人数	4	0	2	5	0	3

图 6-52　"期末成绩分析"工作表的最终效果

8. 创建图表

步骤1：选定"姓名"列数据后，按住 Ctrl 键，再选定"平均分"列数据。在"插入"选项卡下选择簇状柱状图。

步骤2：在"图表工具"的选项卡中，单击"选择数据"，弹出"编辑数据源"对话框，其内容如图 6-53 所示，单击"确定"按钮，再单击"切换行列"。

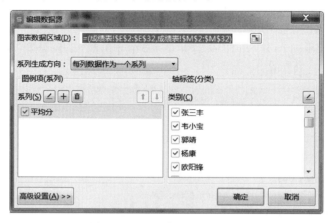

图 6-53 "选择数据源"对话框

步骤3：单击"添加图表元素"中的"图表标题"，修改为"平均分分布图"。

步骤4：单击"移动图表"，在"移动图表"对话框中选择放置图表位置为新工作表。

步骤5：右击工作表标签"Chart1"，将其重命名为"平均分图表"，移动到"成绩表"工作表之后，效果如图 6-54 所示。

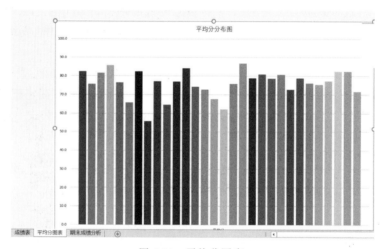

图 6-54 平均分图表

6.3 销售情况统计

盛世图书销售公司销售部助理小赵需要对 2019 年和 2020 年公司图书销售情况进行统

计分析，以便给领导在制订新的销售计划和工作任务时作为参考，小赵需要按以下要求对销售情况进行分析。

（1）在"订单明细"工作表中，删除订单编号重复的记录（保留第一次出现的那条记录），但需要保持原订单明细的记录顺序。

（2）在"订单明细"工作表的"单价"列中，利用 VLOOKUP 公式计算并填写对应图书的单价金额。图书名称与图书单价的对应关系见"图书定价"工作表。

（3）如果某笔订单的图书销量超过 40 本（含 40 本），则按照图书单价的九折销售；否则按图书单价的原价进行销售。按照此规则，使用公式计算并填写"订单明细"工作表中每笔订单的"销售额小计"，保留两位小数。要求该工作表中的金额以所显示的精度参与后续的统计计算。

（4）根据"订单明细"工作表的"发货地址"信息，并按照"城市对照"工作表中省市与销售区域的对应关系，计算并填写"订单明细"工作表中每笔订单的"所属区域"。

（5）根据"订单明细"工作表中的销售记录，分别创建名为"东区""西区""南区""北区"的工作表，这四个工作表分别统计销售区域各类图书的累计销售金额，统计格式请参考"统计样例"工作表。将这四个工作表中的金额设置为带千分位的、保留两位小数的数值格式。

（6）在"统计报告"工作表中，根据"统计项目"列的描述，计算并填充所对应的"统计数据"单元格中的信息。

6.3.1 查找函数的用法

WPS 表格中有多个查找和定位函数，VLOOKUP 和 HLOOKUP 是其中最常用的两个函数。VLOOKUP 函数是按列查找，HLOOKUP 函数是按行查找。它们是通过制定一个查找目标 M（即两个表中相同的那一列或行），从指定的区域找到另一个想要查的值，这样就可以将一个表中的数据匹配到另一个表中。

1．VLOOKUP 函数（纵向查找函数或按列查找函数）

格式：VLOOKUP(lookup_value,table_array,col_index_num,range_lookup)
功能：在表格或数值数组的首列查找指定的数值，并由此返回表格或数值数组当前行中指定列处的数值。
参数：lookup_value 为需要在数据表第一列中进行查找的数值。table_array 为需要在其中查找数据的数据表。col_index_num 为 table_array 中待返回的匹配值的列序号。range_lookup 为一逻辑值，指明 VLOOKUP 函数查找是精确匹配还是近似匹配。如果其值为 TRUE 或省略，那么返回近似值匹配。也就是说，找不到精确匹配值，则返回小于 lookup_value 的最大数值。如果 range_lookup 的值为 FALSE，那么 VLOOKUP 函数将查找精确匹配值。如果找不到，那么返回错误值"♯N/A!"。

2．HLOOKUP 函数（横向查找函数或按行查找函数）

格式：HLOOKUP(lookup_value,table_array,row_index_num,range_lookup)
功能：在表格的首行查找指定的数值，并由此返回表格中指定行的对应列处的数值。
参数：与 VLOOKUP 函数类似。

【例 6-12】 在“学生信息表”的表一中查找对应的年龄，填写到表二中，如图 6-55 所示，操作步骤如下。

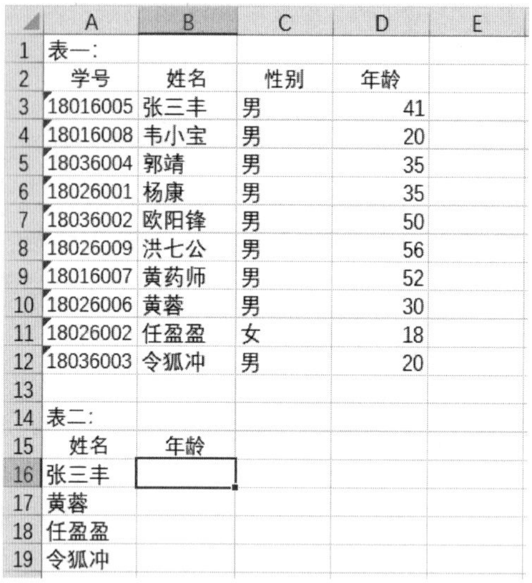

	A	B	C	D	E
1	表一:				
2	学号	姓名	性别	年龄	
3	18016005	张三丰	男	41	
4	18016008	韦小宝	男	20	
5	18036004	郭靖	男	35	
6	18026001	杨康	男	35	
7	18036002	欧阳锋	男	50	
8	18026009	洪七公	男	56	
9	18016007	黄药师	男	52	
10	18026006	黄蓉	男	30	
11	18026002	任盈盈	女	18	
12	18036003	令狐冲	男	20	
13					
14	表二:				
15	姓名	年龄			
16	张三丰				
17	黄蓉				
18	任盈盈				
19	令狐冲				

图 6-55 从表一中查找年龄填入到表二中

步骤 1：选定要填写数据的单元格 B16。

步骤 2：在 B16 单元格中输入公式“＝VLOOKUP(A16，$B$2：$D$12，3，FALSE)”，单击编辑栏中的“√”按钮确认输入。

步骤 3：复制 B16 公式到 B17 至 B19 的单元格中，结果如图 6-56 所示。

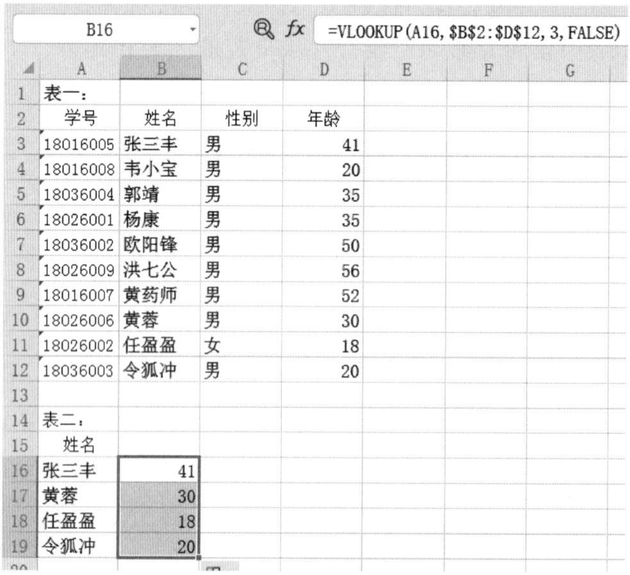

B16 =VLOOKUP(A16, $B$2:$D$12, 3, FALSE)

	A	B	C	D	E	F	G
1	表一:						
2	学号	姓名	性别	年龄			
3	18016005	张三丰	男	41			
4	18016008	韦小宝	男	20			
5	18036004	郭靖	男	35			
6	18026001	杨康	男	35			
7	18036002	欧阳锋	男	50			
8	18026009	洪七公	男	56			
9	18016007	黄药师	男	52			
10	18026006	黄蓉	男	30			
11	18026002	任盈盈	女	18			
12	18036003	令狐冲	男	20			
13							
14	表二:						
15	姓名						
16	张三丰	41					
17	黄蓉	30					
18	任盈盈	18					
19	令狐冲	20					

图 6-56 从表一中查找年龄填入到表二中的结果

lookup_value 是 A16，这是要查找内容的单元格引用。在表一中的“姓名”列开始查找，所以 table_array 为 $B$2：$D$12。要查找的年龄在这个区域的第 3 列，这个列数是指在第二个参数查找区域中的列数，而不是在工作表中的列数。最后一个参数 FALSE 表示精确匹配。

其中，table_array这个查找区域，必须符合以下条件。

（1）查找目标要在该区域的第一列。例6-12中要查找的是姓名，那么表一的"姓名"列必须是查找区域的第一列。因此，给定的查找区域要从工作表中的第二列开始，即\$B\$2：\$D\$12，而不能是\$A\$2：\$D\$12。因为复制公式后查找区域不变，所以要用绝对引用。

（2）该区域一定要包含返回值所在的列，例6-12中要返回的值是年龄，所以表一的D列（年龄）一定要包括在这个范围内，即\$B\$2：\$D\$12，如果写成\$B\$2：\$C\$12就是错的。

通常，表一和表二不会在同一个工作表中，那么上述公式就需稍作修改：在查找区域前加上表名。修改后的公式变为"=VLOOKUP(A3,表一!\$B\$2:\$D\$12,3,FALSE)"，如图6-57所示，或者也可以定义一个区域的名称，这样这个公式会更加简洁。

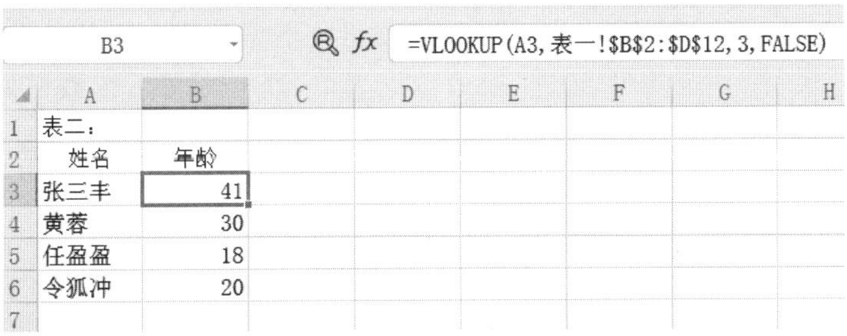

图6-57 表一和表二不在同一个工作表中

为了引用方便，WPS表格可以将一个数据区域设置为一个简短的名称，在后面的引用中就可以用这个名称代替数据区域。

例6-12就可以先定义区域名称，操作步骤如下。

步骤1：在表一中选定一个要引用的数据区域\$B\$3：\$D\$12，在编辑栏的名称框中输入区域名称"data Area"，并按Enter键确认即可，如图6-58所示，则"data Area"和数据区域\$B\$3：\$D\$12就是等价的。

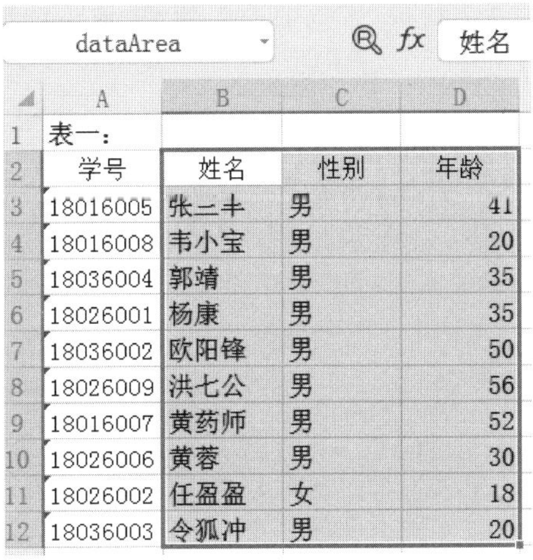

图6-58 名称框中输入dataArea

步骤2：表二中的公式就可以写成"=VLOOKUP(A3,dataArea,3,FALSE)"，同样可以完成填充年龄的操作。

6.3.2 数据管理和分析

如果要使用WPS表格的数据管理和分析功能，首先需要将电子表格创建为数据清单。数据清单又称为数据列表，是由WPS表格工作表中的单元格构成的矩形区域，即一张二维表。数据清单是一种特殊的表格，包括两部分：表结构和表记录。表结构是数据清单中的第一行，即列标题或称为字段名。WPS表格将利用这些字段名对数据进行查找、排序及筛选等操作。WPS表格中有一种非常规范的数据清单表示形式——表格。

1. 插入表格

在WPS表格中，"插入"选项卡中的"表格"按钮并不是创建一个新的表格，而是将现有的普通表格转换为一个规范的可自动扩展的数据表单，这样会对后续数据处理及维护提供很多便利。

【例6-13】 将数据区域转换成表格，操作步骤如下。

图6-59 "创建表"对话框

步骤1：选定数据区域中的任一单元格，单击"插入"选项卡中的"表格"按钮，弹出"创建表"对话框，如图6-59所示。注意"表数据的来源"区域，若默认区域不正确，则可以自行调整要创建表的数据区域；若所选数据包含标题，则需要勾选"表包含标题"这个选项，然后单击"确定"即可。

步骤2：将数据区域转换成表格后，可以看到原有的表格格式改变了，并且多了一个"表格工具"选项卡，如图6-60所示。这样就可以去修改"表名称"，并且可以在这里快速切换表格。当需要进行跨表数据引用时，就可以直接在写公式的时候得到相应字段名的提示。

在表内任意单元格单击，"表格工具"选项卡中的"转换为区域"就可以将表格转换成普通区域。

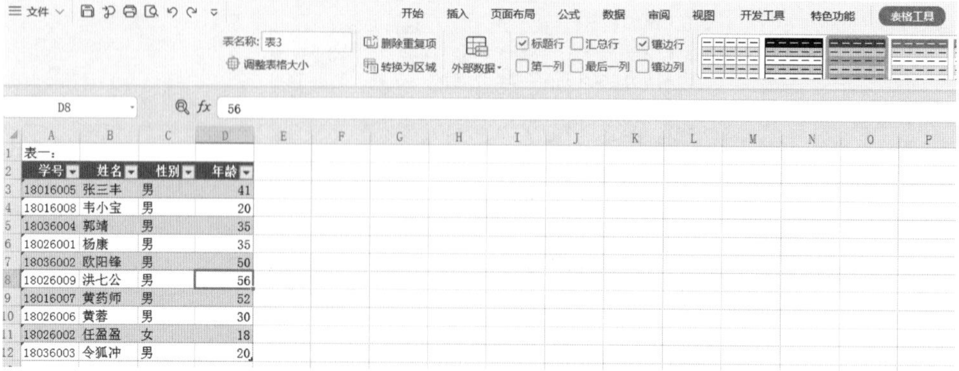

图6-60 转换成表格后的显示效果

2. 数据排序

在很多应用中,为了方便和查找数据,通常需要按一定顺序对数据进行排序,其中,数值按大小排序、时间按先后排序、英文按字母顺序排序、汉字按拼音首字母或笔画顺序排序。数据排序有两种形式:简单排序和复杂排序。

(1) 简单排序。

简单排序是指对一个关键字(单一字段)进行升序或降序排列。可以单击"开始"选项卡中的"排序"下拉按钮快速实现,也可以通过单击"数据"选项卡中的"排序"按钮来实现。

(2) 复杂排序。

复杂排序是指对一个以上关键字进行升序或降序排列。当排序的字段值相同时,可按另一个关键字继续排序。这时,要通过"数据"选项卡中的"排序"按钮,弹出"排序"对话框来实现。

【例 6-14】 将成绩表按专业英语降序,网络营销升序排列,操作步骤如下。

步骤 1:选定数据区域的任一单元格,单击"数据"选项卡中的"排序和筛选"组中的"排序"按钮,弹出"排序"对话框。

步骤 2:选定主要关键字为"专业英语/专业核心课/2",次序为"降序",单击"添加条件"按钮,设置次要关键字为"网络营销/专业核心课/3",次序为"升序",如图 6-61 所示,然后单击"确定",排序完成。

图 6-61 "排序"对话框

3. 数据筛选

当数据列表中的记录非常多,用户只对其中一部分数据感兴趣时,可以使用数据筛选功能将用户不感兴趣的记录暂时隐藏起来,只显示用户感兴趣的数据。当筛选条件被清除时,隐藏的数据又会恢复显示。

对于数据筛选,WPS 表格提供了自动筛选和高级筛选两种方法:自动筛选是一种快速的筛选方法,它可以方便地将那些满足条件的记录显示在工作表中;高级筛选可进行复杂的筛选,挑选出满足多重条件的记录。

(1) 自动筛选。

自动筛选一般用于简单的条件筛选,将数据转换成表格之后,标题行中每个字段名旁边会出现一个下拉箭头,单击这个箭头就可以添加筛选条件。如果数据没有转换成表格,只需要单击"开始"选项卡中的"筛选"按钮或者单击"数据"选项卡中的"自动筛选"按钮,标题行的每个字段名旁边就会出现下拉箭头。

【例 6-15】 筛选出成绩表中专业英语 75 分以上和网络营销 80 分以上的学生的记录，操作步骤如下。

步骤 1：单击"专业英语/专业核心课/2"下拉箭头，然后依次单击"数字筛选""大于或等于"，弹出"自定义自动筛选方式"对话框，设置筛选条件，如图 6-62 所示，单击"确定"。

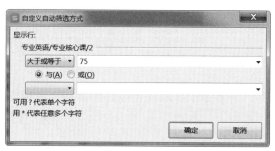

图 6-62 设置自动筛选条件

步骤 2：单击"网络营销/专业核心课/3"下拉箭头，设置筛选条件为"大于或等于 80"，单击"确定"。专业英语和网络营销成绩的筛选结果如图 6-63 所示。

序号	专业	学号	姓名	专业英语/专业核心课/2	网络营销/专业核心课/3
	软件工程	18016005	张三丰	84	82
	软件工程	18036004	郭靖	78	81
	软件工程	18026001	杨康	84	87
	软件工程	18016003	杨过	75	82
	软件工程	18036001	小龙女	79	83
	软件工程	18016004	王语嫣	75	81
	软件工程	18016006	木婉清	77	82
	软件工程	18026010	陈圆圆	80	82

图 6-63 专业英语和网络营销成绩的筛选结果

图 6-64 清除筛选条件

步骤 3：单击"专业英语/专业核心课/2"字段名旁边的下拉箭头，弹出的下拉菜单如图 6-64 所示，选择"清空条件"，则可删除筛选条件，隐藏的不符合筛选条件的记录便会恢复显示。"网络营销/专业核心课/3"字段也可以同样操作。

（2）高级筛选。

高级筛选一般用于条件较复杂的筛选操作。筛选的结果可以显示在原数据表格中，不符合条件的记录被隐藏起来；筛选结果也可以显示在新的位置，不符合的条件的记录同时保留在原数据表格中而不会被隐藏起来，这样就更加便于进行数据的比对了。

【例 6-16】 筛选出成绩表中专业英语 80 分以上或者网络营销 80 分以上的学生的记录，操作步骤如下。

步骤 1：复制成绩表中标题行中"专业英语/专

业核心课/2"和"网络营销/专业核心课/3"这两个标题到下方空白单元格中,如 A34 和 B34 单元格,在 A35 单元格中输入条件">=80",在 B36 单元格中输入条件">=80",如图 6-65 所示。在高级筛选中,不同字段同一行中的条件表示"与",不同行的中的条件表示"或"。

步骤 2:选定数据区域的任一单元格如 A1,单击"开始"选项卡中"筛选"下拉列表中"高级筛选"按钮,设定"条件区域"为步骤 1 中输入的条件,如图 6-66 所示,单击"确定"。

图 6-65　设置高级筛选的条件　　　　图 6-66　"高级筛选"对话框

在"高级筛选"对话框中可以选定"将筛选结果复制到其他位置",还可以使用"选择不重复的记录"删除数据表格中的重复记录。单击"开始"选项卡中"筛选"下拉列表中"全部显示"按钮可以恢复被隐藏的数据。

从例 6-16 中可以看到,同一字段的多个条件,无论是"与"还是"或"的条件组合,以及不同字段的"与"的条件组合,都可以使用自动筛选;而不同字段的"或"的条件组合就只能使用高级筛选。

自动筛选的结果都是在原有区域中显示,即隐藏不符合筛选条件的记录。高级筛选的结果可以在原有区域中显示,也可以复制到其他指定区域,即复制符合条件的记录。

4. 分类汇总

分类汇总就是将数据清单按某个字段进行分类,将字段值相同的连续记录作为一类,进行求和、求平均值、计数、求最大值、求最小值等汇总运算。对同一个分类字段,可进行多种方式的汇总。

需要注意的是,在分类汇总前,必须对分类字段排序,否则将得不到正确的分类汇总结果。此外,在分类汇总时,要清楚哪个是分类字段,哪些是汇总字段,汇总方式是什么。这些都将在"分类汇总"对话框中进行设置。

【例 6-17】　统计"销售业绩表"中每个部门的平均销售额,操作步骤如下。

步骤 1:将数据按"销售团队"字段进行升序排列,排序结果如图 6-67 所示。

步骤 2:选定数据中的任一个单元格,单击"数据"选项卡中的"分类汇总"按钮,弹出"分类汇总"对话框,设置分类字段为"销售团队",汇总方式为"平均值",选定汇总项为"个人销售总计",如图 6-68 所示,然后单击"确定"按钮。

步骤 3:分类汇总后,默认情况分 3 级显示,单击分级显示区上方的按钮"2",显示各个分类汇总结果和总计结果,如图 6-69 所示。

员工编号	姓名	销售团队	一月份	二月份	三月份	四月份	五月分	六月份	个人销售总计
XS28	程小丽	销售1部	¥66,500.00	¥92,500.00	¥95,500.00	¥98,000.00	¥86,500.00	¥71,000.00	¥510,000.00
XS1	刘丽	销售1部	¥79,500.00	¥98,500.00	¥68,000.00	¥100,000.00	¥96,000.00	¥66,000.00	¥508,000.00
XS30	张成	销售1部	¥82,500.00	¥78,000.00	¥81,000.00	¥96,500.00	¥96,500.00	¥57,000.00	¥491,500.00
XS17	李佳	销售1部	¥87,500.00	¥63,500.00	¥67,500.00	¥98,500.00	¥78,500.00	¥94,000.00	¥489,500.00
XS7	张艳	销售1部	¥73,500.00	¥91,500.00	¥64,500.00	¥93,500.00	¥84,000.00	¥87,000.00	¥494,000.00
SC14	杜月红	销售2部	¥88,000.00	¥82,500.00	¥83,000.00	¥75,500.00	¥62,000.00	¥85,000.00	¥476,000.00
XS2	彭立旸	销售2部	¥74,000.00	¥72,500.00	¥67,000.00	¥94,000.00	¥78,000.00	¥90,000.00	¥475,500.00
XS7	范俊秀	销售2部	¥75,500.00	¥72,500.00	¥75,000.00	¥92,000.00	¥86,000.00	¥55,000.00	¥456,000.00
XS19	马路刚	销售2部	¥77,000.00	¥60,500.00	¥66,050.00	¥84,000.00	¥98,000.00	¥93,000.00	¥478,550.00
SC18	杨红敏	销售2部	¥80,500.00	¥96,000.00	¥72,000.00	¥66,000.00	¥61,000.00	¥85,000.00	¥460,500.00
XS5	李晓晨	销售2部	¥83,500.00	¥78,500.00	¥70,500.00	¥100,000.00	¥68,150.00	¥69,000.00	¥469,650.00
XS21	李成	销售2部	¥92,500.00	¥93,500.00	¥77,000.00	¥73,000.00	¥57,000.00	¥84,000.00	¥477,000.00
XS3	李诗	销售2部	¥97,000.00	¥75,500.00	¥73,000.00	¥81,000.00	¥66,000.00	¥76,000.00	¥468,500.00
XS41	卢红	销售3部	¥75,500.00	¥62,500.00	¥87,000.00	¥94,500.00	¥78,000.00	¥91,000.00	¥488,500.00
XS15	杜月	销售3部	¥82,050.00	¥63,500.00	¥90,500.00	¥97,000.00	¥65,150.00	¥99,000.00	¥497,200.00
XS29	卢红燕	销售3部	¥84,500.00	¥71,000.00	¥99,500.00	¥89,500.00	¥84,500.00	¥58,000.00	¥487,000.00
SC11	杨艳健	销售3部	¥76,500.00	¥70,000.00	¥64,000.00	¥75,000.00	¥87,000.00	¥78,000.00	¥450,500.00
SC33	郝艳芳	销售3部	¥84,500.00	¥78,500.00	¥87,500.00	¥64,500.00	¥72,000.00	¥76,500.00	¥463,500.00
SC12	张红	销售3部	¥95,000.00	¥95,000.00	¥70,000.00	¥89,500.00	¥61,150.00	¥61,500.00	¥472,150.00
SC4	杜乐	销售3部	¥62,500.00	¥76,000.00	¥57,000.00	¥67,500.00	¥88,000.00	¥84,500.00	¥435,500.00

图 6-67　按"销售团队"升序排列

图 6-68　"分类汇总"对话框

	员工编号	姓名	销售团队	一月份	二月份	三月份	四月份	五月分	六月份	个人销售总计
6			销售1部 平均值							¥499,750.00
16			销售2部 平均值							¥472,855.56
24			销售3部 平均值							¥470,621.43
25			总计平均值							¥477,452.50

图 6-69　分类汇总显示结果

可以对同一字段进行多种不同方式的汇总，称为嵌套汇总。例如：统计了销售团队的平均销售额之后，还要对销售团队成员进行计数，则需要在例 6-17 的基础上继续进行分类汇总。有一点要注意在"分类汇总"对话框中不能选定"替换当前分类汇总"复选框。

如果要取消分类汇总，那么可以打开"分类汇总"对话框，单击"全部删除"按钮。

5．数据透视表

分类汇总可以对一个字段进行分类，对一个或多个字段进行汇总。如果要对多个字段进行分类并汇总,那么就需要使用更强大的工具——数据透视表。数据透视表能够将数据筛选、排序、分类和汇总等操作依次完成,制作出所需要的数据统计报表。在 WPS 表格中,制作数据透视表可通过"插入"选项卡中的"数据透视表"和"推荐的数据透视表"两个按钮实现。

【例 6-18】 将"公司员工表"中的员工按部门统计各职务人数。

步骤 1:选定数据清单中任一单元格,单击"插入"选项卡中的"数据透视表"按钮,弹出"创建数据透视表"对话框,确认选择要分析的数据范围及数据透视表的放置位置,如图 6-70 所示,然后单击"确定"。

步骤 2:自动创建了一个新工作表,并出现数据透视表字段任务窗格,将"部门"字段拖动到"行"标签,将"职务"字段拖动到"列"标签,"值"字段是对工号计数,如图 6-71 所示。

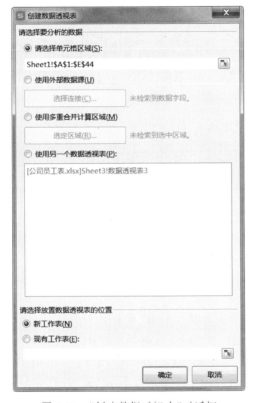

图 6-70 "创建数据透视表"对话框　　　　图 6-71 "数据透视表"任务窗格

步骤 3:工作表中按字段设置显示统计结果,如图 6-72 所示。任务窗格中的字段可以按数据分析的要求动态进行调整,如统计各部分男女人数,则列标签要更改为"性别"。

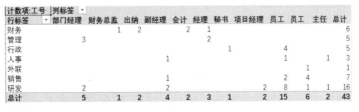

图 6-72 数据透视表显示统计结果

创建好数据透视表后,"数据透视表工具"选项卡会自动出现,它可以用来更改数据透视表的布局、改变"值"字段的汇总方式和进行数据透视表的更新。

6.3.3 案例实现

1. 删除订单编号重复的记录

步骤1:打开"图书销售情况统计表.xlsx"文件,分别打开几个工作表进行插入表格操作。例如,"订单明细"工作表,单击"插入"选项卡中的"表格"按钮,将表数据来源更改为"=$A$2:$I$647",如图6-73所示,单击"确定"。其中,"城市对照"工作表为"表1","图书定价"工作表为"表2","订单明细"工作表为"表5"。

步骤2:单击"表格工具"选项卡中的"删除重复项"按钮,弹出"删除重复项"对话框,选择"订单编号"列,如图6-74所示,单击"确定",即可删除重复的11条记录。

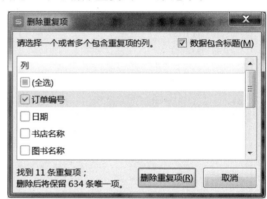

图6-73 "创建表"对话框　　图6-74 "删除重复项"对话框

2. 填充"订单明细"工作表中的"单价"列

步骤1:将"图书定价"工作表中相应的数据区域命名为"表2"。

步骤2:选定"订单明细"工作表中的E3单元格,单击编辑栏中的"fx"按钮,在弹出的"插入函数"对话框中,设置选择类别为"全部",选定"VLOOKUP"函数,单击"确定"。

步骤3:在弹出的"函数参数"对话框中进行四个参数的设置,设置"查找值"参数为D3单元格,设置"数据表"参数为"图书定价"工作表数据区域的名称"表2",设置"列序数"参数为2,设置"匹配条件"参数为FALSE,如图6-75所示,单击"确定",复制公式,完成"单价"列填充。

3. 填充"订单明细"工作表中"销售额小计"

步骤1:选定"订单明细"工作表中的I3单元格。

步骤2:单击编辑栏中的"fx"按钮,选择IF函数,弹出"函数参数"对话框,设置参数如图6-76所示。"测试条件"参数设置条件表达式;"真值"参数设置条件表达式为真时的值;"假值"参数设置条件表达式为假时的值。这样的参数设置就表达了销量超过40本(含40本)时,销售额是单价和销量的乘积,再打九折,否则就是单价和销量的乘积,单击"确定"。

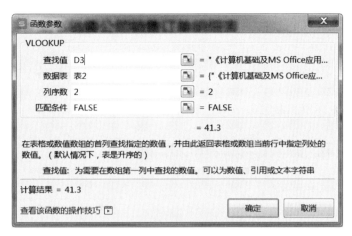

图 6-75　VLOOKUP 函数的参数设置

在将数据区域转换成表格之后,单元格的引用就可以使用[@列标题名]的形式。

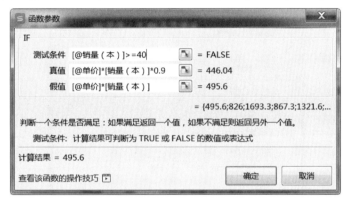

图 6-76　IF 函数的参数设置

步骤 3:双击 I3 单元格填充柄,自动填充该列数据,并设置该列数据的单元格格式为"会计专用"。

4. 填充"订单明细"工作表的"所属区域"列

步骤 1:选定"订单明细"工作表中的 H3 单元格,单击编辑栏中的"fx"按钮,在弹出的"插入函数"对话框中,选择"VLOOKUP"函数,单击"确定"。

步骤 2:在弹出的 VLOOKUP 函数的"函数参数"对话框中,进行四个参数的设置,如图 6-77 所示。"查找值"参数不是某个单元格所有的值,而是取这个单元格内容的前三个字符,所以要使用 MID 函数进行字符截取,参数设置为"MID([@发货地址],1,3)",单击"确定"按钮。

步骤 3:双击 H3 单元格的填充柄,自动填充其他记录的所属区域数据。

5. 创建名为"东区""西区""南区""北区"的工作表

步骤 1:选定"订单明细"工作表中任一数据单元格,单击"插入"选项卡中的"数据透视表",弹出"创建数据透视表"对话框,如图 6-78 所示,单击"确定"按钮。

图 6-77　VLOOKUP 函数的参数设置

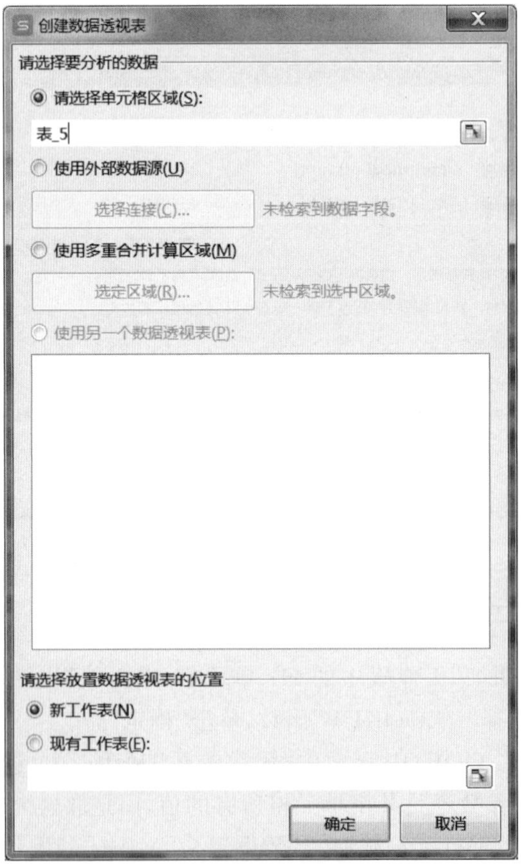

图 6-78　"创建数据透视表"对话框

步骤 2：在新工作表中设置数据透视表字段任务窗格的各项内容，筛选器字段为"所属区域"，"行"标签为"图书名称"，"值"字段为"销售额小计"的求和项，如图 6-79 所示。

步骤 3：在所属区域中选择"东区"，按照"统计样例"工作表修改 A3 单元格中的内容为"图书名称"，双击 B3 单元格，在弹出的"值字段设置"对话框中设置自定义名称为"销售额"，设置"销售额"列所有数据单元格格式为"数值"，显示小数位数 2 位，使用"千位分隔符”，其结果如图 6-80 所示。

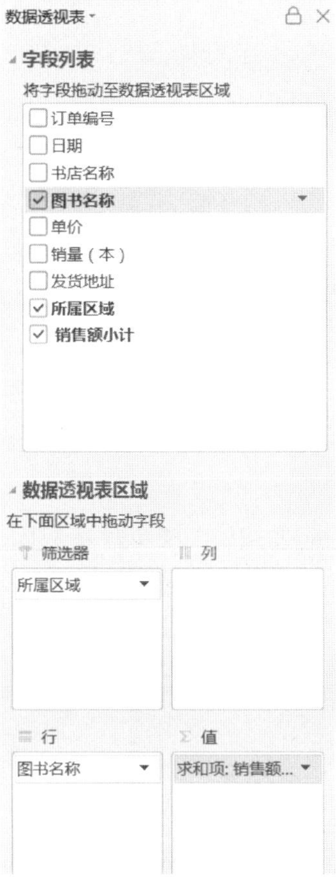

图 6-79 “数据透视表”任务窗格

所属区域	东区
图书名称	销售额
《Access数据库程序设计》	8,457.26
《C语言程序设计》	10,405.54
《Java语言程序设计》	7,730.24
《MS Office高级应用》	10,617.75
《MySQL数据库程序设计》	12,489.12
《VB语言程序设计》	12,668.34
《操作系统原理》	12,034.08
《计算机基础及MS Office应用》	10,890.81
《计算机基础及Photoshop应用》	17,403.75
《计算机组成与接口》	14,209.02
《嵌入式系统开发技术》	11,343.76
《软件测试技术》	18,142.65
《软件工程》	12,206.58
《数据库技术》	13,725.45
《数据库原理》	14,515.20
《网络技术》	4,362.50
《信息安全技术》	9,262.56
总计	200,464.61

图 6-80 东区的结果

步骤 4：在工作表标签位置右击这个新工作表，将该工作表重命名为“东区”，并拖动工作表标签，将其移动到“统计样例”工作表之后。

步骤 5：选定“东区”工作表标签并右击，在弹出的菜单中单击“移动或复制工作表”，弹出一个对话框，选择“东区”后的一个工作表为复制的位置，选择“建立副本”，如图 6-81 所示，单击“确定”按钮，这样就创建了一个名为“东区 2”的工作表，将工作表标签重命名为“西区”，并在“所属区域”中选择“西区”。其他两个工作表的操作如上所述，这里就不再赘述。

图 6-81 “移动或复制工作表”对话框

6. 计算并填充“统计报告”工作表中的“统计数据”列

“统计报告”工作表中的数据需要进行某种条件的计算时，可以使用 SUMIFS 函数。

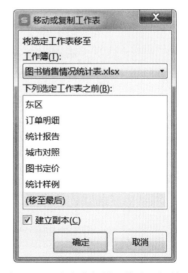

步骤 1：计算“2019 年的销售额小计”，选定“统计报告”工作表中的 B3 单元格，单击编

辑栏中的"fx"按钮,在"插入函数"对话框中选择"SUMIFS"函数,在"函数参数"对话框中设置参数如图6-82所示,单击"确定"。

图 6-82　设置 SUMIFS 函数参数

步骤2:复制B3单元格中的公式到B4和B5单元格,并按照上述步骤修改B4和B5单元格中SUMIFS函数的参数,分别参照如图6-83、图6-84所示中的设置。填充B4和B5单元格时,"函数参数"对话框中的参数选项有滚动条。

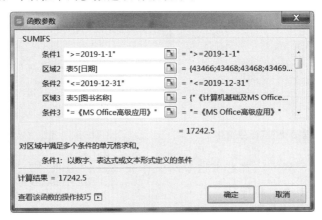

图 6-83　设置 SUMIFS 函数参数——B4 单元格

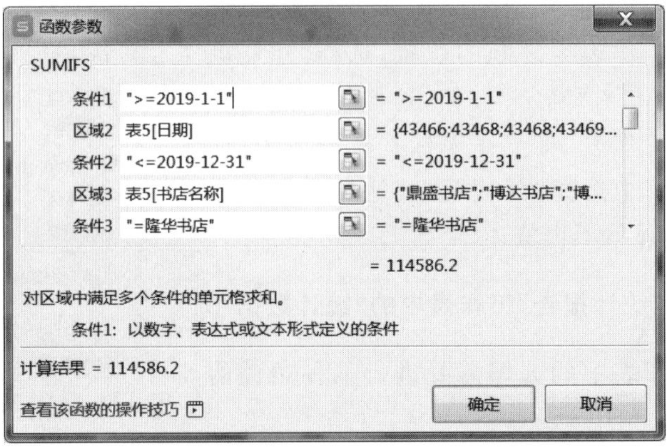

图 6-84　设置 SUMIFS 函数参数——B5 单元格

注意：图 6-83 和图 6-84 都只显示了最后 5 个参数的值，其他参数没有显示出来。

6.4　WPS 表格的高级应用

WPS 表格对数据的计算和分析功能非常的强大。它提供了一个强大的函数库，可以完成对数据的各种运算，还提供了很多的高级应用功能，如合并计算和模拟分析等功能。

6.4.1　合并计算

WPS 表格允许对多个数据区域中的数据进行合并计算。多个数据区域包括同一个工作表中、同一个工作簿中的不同工作表中或不同工作簿中的数据区域。WPS 表格提供的合并计算功能，可以对多张工作表中的数据同时进行计算。这些计算包括求和（SUM）、求平均值（AVERAGE）、求最大值（MAX）、求最小值（MIN）、计数（COUNT）、求标准差（STDDEV）等。WPS 表格支持将多张工作表中的数据收集到一个工作表中，这些工作表可以在同一个工作簿中，也可以在不同的工作簿中。

在合并计算中，计算结果的工作表称为目标工作表，接受合并数据的区域称为源区域。按位置进行合并计算是最常用的方法，它要求参与合并计算的所有工作表数据的对应位置都相同，即各工作表的结构完全相同。这时，就可以把各工作表中对应位置的单元格数据进行合并。

【例 6-19】　盛世图书销售公司分成东、西、南、北四个销售区，现在要对该公司的销售情况进行合并计算，操作步骤如下。

步骤 1：选定工作表"Sheet1"中的 B3 至 B19 的单元格（也可以只选定 B3 单元格）。

步骤 2：单击"数据"选项卡中的"合并计算"按钮，在弹出的"合并计算"对话框中设置函数为"求和"，单击"引用位置"下面的文本框（如果是其他工作簿中的工作表，则单击旁边的"浏览"按钮），选定"东区"工作表中对应的单元格区域，单击"添加"按钮，再选择西区、南区、北区工作表中对应的单元格区域，分别进行引用位置的添加，如图 6-85 所示，单击"确定"，完成合并计算操作，其结果如图 6-86 所示。

图 6-85　"合并计算"对话框

盛世图书销售公司销售情况统计表

图书名称	销售额
《Access数据库程序设计》	¥ 37,183.90
《C语言程序设计》	¥ 51,814.94
《Java语言程序设计》	¥ 39,118.10
《MS Office高级应用》	¥ 33,370.59
《MySQL数据库程序设计》	¥ 27,224.40
《VB语言程序设计》	¥ 34,287.70
《操作系统原理》	¥ 28,539.84
《计算机基础及MS Office应用》	¥ 33,291.93
《计算机基础及Photoshop应用》	¥ 52,980.50
《计算机组成与接口》	¥ 53,180.82
《嵌入式系统开发技术》	¥ 31,327.04
《软件测试技术》	¥ 61,556.85
《软件工程》	¥ 33,986.64
《数据库技术》	¥ 53,366.85
《数据库原理》	¥ 43,346.88
《网络技术》	¥ 25,162.90
《信息安全技术》	¥ 35,640.80

图 6-86　合并计算的结果

6.4.2 模拟分析

WPS 表格的模拟分析是在单元格中更改值以查看这些更改将如何影响工作表中公式结果的过程。模拟分析可以根据不同的结果变量反向计算前因变量,它的本质就是解方程。

"数据"选项卡中的"模拟分析"按钮包含了两种模拟分析工具:单变量求解和规划求解。

1. 单变量求解

单变量求解主要用来解决这样的问题:假定一个公式的计算结果是某个固定值,求其中引用的单元格变量应取值多少时结果会成立,其实质就相当于解一元方程。

【例 6-20】某商场今年的销售收入为 5678 万元,商品成本占销售收入的 70%,今年的销售支出为 300 万元,根据公式:利润=销售收入-商品成本-销售支出,可以计算出今年的利润。如果商场明年的利润要达到 1800 万元,那么该商场的销售收入要达到多少?

步骤 1:创建工作表,输入文本、数据、公式,输入结果如图 6-87 所示。

步骤 2:单击"数据"选项卡中"预测"组中的"模拟分析"下拉列表中的"单变量求解",打开"单变量求解"对话框,在"目标单元格"中选取 B4 单元格,设定"目标值"为 1800,"可变单元格"选取 B1 单元格,如图 6-88 所示,单击"确定"按钮。

图 6-87 输入结果　　　图 6-88 "单变量求解"对话框

步骤 3:计算结果如图 6-89 所示,单击"确定"按钮完成求解。

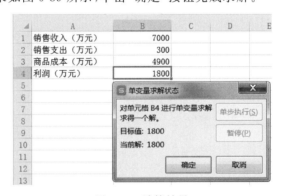

图 6-89 计算结果

2. 规划求解

规划求解用于查找目标单元格中公式的优化(最大、最小或等于)值,受限于工作表上其他单元格的值。其中,用于计算目标单元格和约束单元格中公式的单元格称为决策变量单元格或变量单元格。规划求解调整决策变量单元格中的值以满足约束单元格上的限制,并产生目标单元格期望的结果。

【例 6-21】 在班级发起某项收费活动中,已知各位同学的应缴费用,并收到了几位同学的缴费金额总数为 336 元,现在生活委员忘记具体是哪几位同学缴费了,能否帮助她找出缴费的同学?

步骤 1:创建工作表,输入文本、数据,输入结果如图 6-90 所示。

	A	B	C
1	求解:已收到缴费336,求是哪几位同学已交		
2	设定目标:已收到缴费	0	
3	学号	应缴费	是否已交
4	2302001	36	
5	2302002	56	
6	2302003	37	
7	2302004	39	
8	2302005	44	
9	2302006	30	
10	2302007	56	
11	2302008	30	
12	2302009	42	
13	2302010	31	
14	2302011	51	
15	2302012	49	
16	2302013	38	
17	2302014	41	
18	2302015	47	

图 6-90 输入结果

步骤 2:设定目标并在 B2 单元格中输入求解公式:SUMPRODUCT(B4:B18,C4:C18)。

步骤 3:单击"数据"选项卡中"模拟分析"下拉列表中的"规划求解",打开"规划求解参数"对话框,在"设置目标"区域中选取 B2 单元格,设定"目标值"为 336,在"通过更改可变单元格"区域选取 C4 至 C18 的单元格,约束是否已交列值为 0 或 1 的二进制值,如图 6-91 所示,单击"确定"按钮,计算结果如图 6-92 所示。

图 6-91 规划求解参数设置

图 6-92　计算结果

本章小结

本章主要讲述电子表格处理软件 WPS 表格的应用。首先介绍了 WPS 表格的基本操作，包括基本概念、工作窗口、数据类型和数据录入。接下来利用"学生成绩分析"案例讲述了工作表的基本操作、工作表的美化、公式和函数的使用及图表的操作；利用"销售情况统计"案例讲述了查找函数的用法，以及数据管理和分析。最后介绍了 WPS 表格高级应用中的合并计算和模拟分析功能。

上机实验

实验任务 1　中国高铁数据表的制作

实验目的

（1）学会导入数据。
（2）学会使用序列填充数据。
（3）学会美化工作表。
（4）学会插入图表。

实验步骤

（1）新建"中国高铁数据.xlsx"工作簿。
（2）从提供的素材文件"中国高铁数据.txt"中导入数据到工作表"Sheet1"中。
（3）重命名工作表为"每年高铁数据"。
（4）使用序列填充年份。
（5）插入第 3 列"中国高铁新增里程（千米）"，使用公式进行计算填充。
（6）插入第 4 列"全球高铁营业里程（千米）"，使用公式进行计算填充。
（7）添加标题行"2008—2018 高铁里程数据表"，进行工作表的美化。

完成后的工作表如图 6-93 所示。

2008—2018高铁里程数据表				
年份	中国高铁营业里程（千米）	中国高铁新增里程（千米）	全球高铁营业里程（千米）	中国高铁里程全球占有率
2008	672		10804	6.22%
2009	2699	2027	13198	20.45%
2010	5133	2434	16500	31.11%
2011	6601	1468	18600	35.49%
2012	9356	2755	21602	43.31%
2013	11028	1672	23399	47.13%
2014	16456	5428	29002	56.74%
2015	19838	3382	32997	60.12%
2016	22000	2162	34998	62.86%
2017	25000	3000	37702	66.31%
2018	29000	4000	42200	68.72%

图 6-93　中国高铁数据表

（8）选定"年份"和"中国高铁营业里程（千米）"两列，在 A16 至 E28 的单元格处插入簇状柱形图，如图 6-94 所示。

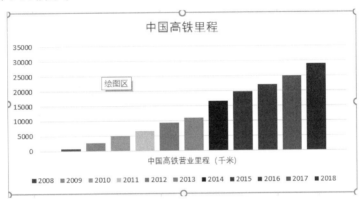

图 6-94　插入的簇状柱形图

实验任务 2　工资统计表的制作

实验目的

（1）掌握公式的输入。
（2）掌握常用函数的应用。
（3）学会数据格式的设置。

实验步骤

（1）打开工作簿"工资统计表.xlsx"，完成工作表"工资表"。

（2）按要求完成"缺勤扣款"列的填充：缺勤一天扣一天的岗位工资和绩效工资（一个月按 22 个工作日计算）。

（3）按要求完成"全勤奖"列的填充：若该员工全勤，则每月发 600 元全勤奖；若有缺勤，则不发。

（4）按要求完成"社保扣款"列的填充：社保扣除为员工的基本工资、岗位工资、绩效工资总和的3%。

(5)按要求完成"实发工资"列的填充:实发工资=基本工资+岗位工资+绩效工资-缺勤扣款+全勤奖-社保扣款。

完成后,工资表的数据格式如图6-95所示。

员工姓名	所属部门	基本工资	岗位工资	绩效工资	缺勤天数	缺勤扣款	全勤奖	社保扣款	实发工资
陈聪	后勤部	2400	1600	1000	2	236.36	0	150.00	4613.64
陈键	生产部	3200	2500	1800	0	0.00	600	225.00	7875.00
邓鹏	总务部	2400	1800	1000	0	0.00	600	156.00	5644.00
刁文峰	生产部	3200	2500	800	0	0.00	600	195.00	6905.00
冯涓	行政部	3200	2500	1000	0	0.00	600	201.00	7099.00
高留刚	后勤部	2130	1600	600	0	0.00	600	129.90	4800.10
高庆丰	后勤部	3500	2000	1500	0	0.00	600	210.00	7390.00
郭彩霞	财务部	3200	2500	1200	0	0.00	600	207.00	7293.00
郭浩然	生产部	2130	1600	600	0	0.00	600	129.90	4800.10
郭米露	后勤部	2400	1600	1000	1	118.18	0	150.00	4731.82
何晶	销售部	3200	2500	800	0	0.00	600	195.00	6905.00
纪晓	生产部	2130	1600	800	0	0.00	600	135.90	4994.10
李小康	总务部	3200	2500	1000	0	0.00	600	201.00	7099.00
蒋红	生产部	2130	1600	600	0	0.00	600	129.90	4800.10
蒋晴云	总务部	2130	1600	600	0	0.00	600	129.90	4800.10
金纪东	生产部	2130	1800	1800	0	0.00	600	171.90	6158.10
李海平	生产部	2400	1800	1000	0	0.00	600	156.00	5644.00
李力伟	生产部	2130	1800	1800	2	327.27	0	171.90	5230.83
李明明	生产部	3200	2500	1200	0	0.00	600	207.00	7293.00
李庆庆	销售部	3200	2500	600	0	0.00	600	189.00	6711.00
李霞	行政部	4000	3000	1500	0	0.00	600	255.00	8845.00
李张营	行政部	2400	1800	1000	0	0.00	600	156.00	5644.00
林浩	总务部	2130	1600	600	0	0.00	600	129.90	4800.10

图6-95 工资表

(6)运用正确的公式或函数完成"工资分析"工作表中各数据的计算。

完成后,工资分析表的数据格式如图6-96所示。

工资分析表	
总人数	54
最高实发工资	11755.00
最低实发工资	4339.55
平均实发工资	7197.88
实发工资在5000及以上的人数	43
全勤人数比例	83%

图6-96 工资分析表

实验任务3 数据分析

实验目的

(1)学会对数据设置条件格式。
(2)学会对数据进行排序。
(3)学会对数据进行自动筛选。
(4)学会对数据进行分类汇总。
(5)学会制作数据透视表和透视数据图。

实验步骤

（1）打开工作簿"成绩表.xlsx"。
（2）使用条件格式标识出英语 90 分以上的成绩。
（3）将成绩表按"名次"列进行升序排列。
（4）复制工作表"成绩表"，重命名新的工作表为"成绩筛选"。
（5）筛选出二班高数成绩 80 分以上的人。
（6）复制工作表"成绩表"，重命名新的工作表为"成绩分类汇总"。
（7）对"成绩分类汇总"工作表按"性别"分类，汇总"平均分"的平均值，分类汇总结果如图 6-97 所示。

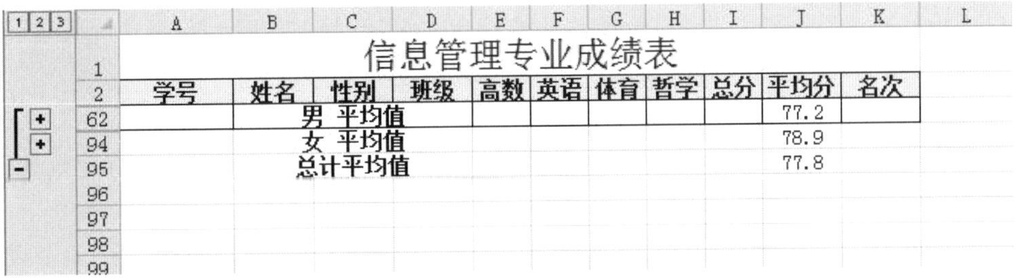

图 6-97　分类汇总

（8）使用"成绩表"工作表中的数据，插入数据透视表在新工作表中，列标签为"性别"字段，行标签为"班级"字段，值字段为"平均分"，汇总方式为平均值，并保留两位小数。在制作数据透视表的基础上添加数据透视图，完成对数据透视图的美化，如图 6-98 所示。

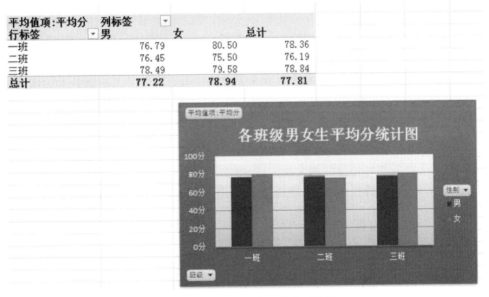

图 6-98　数据透视表和数据透视图

第 7 章 WPS演示文稿

WPS演示是WPS Office中的一个应用程序,可以用于帮助用户创建漂亮的演示文稿,也可以用于教育、商业演示、报告、培训等各种场合。它具有许多功能,包括动画效果、图表、多媒体插件、互动幻灯片等,可以让演示更加生动、有趣和易于理解。

与之前版本的演示文稿制作软件相比,WPS演示具有以下这些新特性。

(1)智能设计:WPS演示可以根据用户提供的内容,自动选择合适的幻灯片设计,并提供多种不同的风格和主题。

(2)云同步:WPS演示可以将用户的演示文稿保存在云端,使用户可以在多个设备上访问和编辑他们的文档。

(3)多屏协同:WPS演示支持多屏幕协同演示,可以让多个人在同一演示文稿上进行编辑和演示。

(4)PDF转换:WPS演示可以将演示文稿转换为PDF格式,方便用户与其他人共享他们的文档。

(5)智能翻译:WPS演示具有智能翻译功能,可以帮助用户将演示文稿翻译成多种语言。

随着信息技术的快速发展,云计算、大数据、物联网等计算机新技术引起了人们的广泛关注,并渗透到人们的生活和工作中。下面来制作一个介绍这些计算机新技术的演示文稿。

7.1 创建与编辑演示文稿

制作演示文稿需要先创建演示文稿文件,接着创建演示文稿大纲,然后在幻灯片中输入文本、设置文本样式、设置段落样式,最后保存演示文稿。下面分别对其进行介绍。

7.1.1 创建和保存演示文稿

WPS演示的新建、打开和保存操作如下。

(1)新建演示文稿:打开WPS演示软件后,单击"新建"按钮,即可开始创建演示文稿。在弹出的模板选择页面中,可以选择使用现成的模板,也可以自定义样式。

(2)打开演示文稿:在WPS演示主界面中,单击"打开"按钮,即可浏览计算机或云端存储空间中的演示文稿文件。选择所需文件后,单击"打开"按钮即可开始编辑和查看。

(3)保存演示文稿:在编辑和制作演示文稿的过程中,可以随时使用"保存"功能将文件保存在本地或云端存储空间中。在 WPS 演示中，可以通过单击"文件"菜单栏中的"保存"或者"另存为"按钮，选择存储路径和文件名，即可完成保存操作。

启动 WPS，选择新建"演示"，最简单的可以从"新建空白文档"开始。然后根据内容的编排需要创建并插入相应数目的空白幻灯片，其具体操作如下。

步骤 1：启动 WPS，依次单击"文件"→"新建"→"演示"→"新建空白文档"，即可创建一个包含一张标题版式的幻灯片的演示文稿。

步骤 2：单击"文件"，在弹出的菜单中单击"另存为"按钮，弹出"另存文件"对话框。

步骤 3：在"另存文件"对话框中选择文件的保存位置，这里选择"我的桌面"，在"文件名"文本框中输入文件名称，这里输入"计算机新技术.pptx"，单击"确定"按钮，如图 7-1 所示。

图 7-1　设置文件保存位置与名称

步骤 4：返回演示文稿，可发现演示文稿的名称已发生变化，在"开始"选项卡的"幻灯片"组中，单击"新建幻灯片"按钮，可直接创建版式为空白幻灯片的第 2 张幻灯片。

步骤 5：在第 2 张幻灯片上右击，然后在弹出的快捷菜单中单击"新建幻灯片"选项也可以自动创建版式为空白幻灯片的第 3 张幻灯片。

步骤 6：按住 Ctrl 键，依次选定第 2 张和第 3 张幻灯片并右击，在弹出的快捷菜单中选择"复制幻灯片"选项，如图 7-2 所示。这里可以采用复制幻灯片的办法让幻灯片的数量达到 8 张。

知识拓展：一些用户习惯先创建好空白幻灯片，然后分别对每一张幻灯片的内容进行编排；也有一些用户习惯对创建的幻灯片内容进行编排后，再逐张创建其他幻灯片。因此，在对幻灯片进行创建和编排时，不必采用固定的模式，可根据自己的制作习惯决定创建顺序。

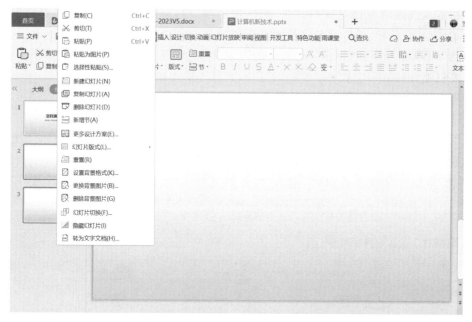

图 7-2　选择"复制幻灯片"选项

单击"新建幻灯片"右下角的向下箭头可以弹出"新建"对话框,如图 7-3 所示。可以在该对话框中选择合适的幻灯片模板,这样创建会更便捷。

图 7-3　"新建"对话框

在演示文稿普通视图中,当用户将鼠标指针停留在左侧窗口的某张幻灯片上时,会弹出"从当前开始"的播放按钮和"新建幻灯片"按钮。

如果幻灯片过多,可以选择不需要的幻灯片并右击,在弹出的快捷菜单中选择"删除幻灯片"选项。删除多余的幻灯片也可以选择使用 Delete 键来删除幻灯片。

7.1.2　创建演示文稿大纲

演示文稿大纲是指对将要编排的幻灯片结构进行规划,将数据信息合理划分在各个幻灯片中,确保信息能够直观清晰地展示,具体操作如下。

步骤1:在普通视图的左侧窗口中单击"大纲"选项卡,然后单击第1张幻灯片图标的右侧,将文本插入点定位到该处。

步骤2:输入第1张到第8张幻灯片的大纲内容。实际编排幻灯片时输入的大纲内容会同时显示在幻灯片的标题占位符中,若输入的大纲内容超过了占位符,将自动换行,如图7-4所示。

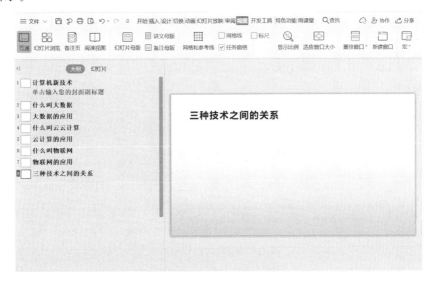

图7-4 输入大纲内容

7.1.3 在幻灯片中输入文本

在左侧窗口中单击"幻灯片"选项卡即可切换回幻灯片视图,可对单张幻灯片进行编辑,具体操作如下。

步骤1:单击第1张幻灯片,然后单击幻灯片编辑区中的副标题占位符,在其中输入副标题内容"大数据、云计算、物联网",如图7-5所示。

图7-5 输入副标题内容

步骤2：依次切换到其他幻灯片，先将这些幻灯片的版式修改为"标题和内容"，如图7-6所示，并分别在每张幻灯片的文本占位符中输入相应内容，在需要换行的位置按Enter键。换行输入完成后，在"视图"工具选项卡中单击"幻灯片浏览"按钮，切换到幻灯片浏览视图查看每张幻灯片中的内容，如图7-7所示。

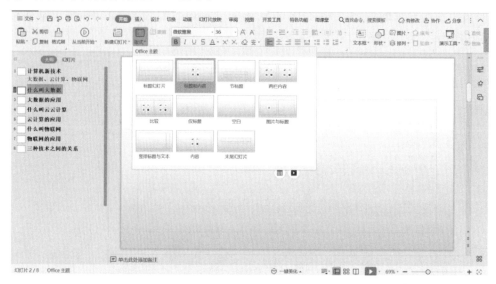

图7-6　修改幻灯片版式

图7-7　幻灯片浏览

知识拓展：WPS演示文稿是不能直接将文字输入到幻灯片中的，这就需要用到占位符。占位符相当于一个文本框，用于放置幻灯片中的文本，以及将文本划分为区域，并在幻灯片中任意排列。

为满足用户不同的需求，WPS演示主要提供了普通视图、幻灯片浏览视图、备注页视图和阅读视图四种视图模式。单击视图切换按钮组中的按钮，即可切换至相应的视图模式。下面简单介绍这四种视图模式的作用。

(1) 普通视图：它是制作演示文稿时最常用的视图模式。

(2) 幻灯片浏览视图：它常用于演示文稿的整体编辑，如新建和删除幻灯片等，但是不能对幻灯片的内容进行编辑。

（3）备注页视图：它常用于检查演示文稿和备注页一起打印时的外观，每一页都包括一张幻灯片和一个演讲者备注，在这个视图中可以对备注进行编辑。

（4）阅读视图：在阅读视图模式下，演示文稿会自动开始播放。单击状态栏中的按钮可切换至上一张或下一张幻灯片。

7.1.4 设置字体格式

输入文本后需要对文本格式进行相应的设置，从而使幻灯片内容结构更加规范和完整，便于幻灯片内容的阅读，其具体操作如下。

步骤1：选择第1张幻灯片中标题占位符的文本。在"开始"选项卡的"字体"组中单击"字体"右侧的下拉按钮，在打开的下拉列表中单击"微软雅黑"选项，在字号框中输入"100"，如图7-8所示。

图7-8 设置字体和字号

步骤2：继续保持文本的选择状态，在"字体"组中单击"字体颜色"右侧的下拉按钮，在打开的下拉列表中单击"矢车菊蓝，着色1，深色50%"选项，如图7-9所示。

步骤3：选择副标题文本并右击，在弹出的快捷菜单中单击"字体"选项，打开"字体"对话框，在"中文字体"的下拉列表中选择"华文行楷"选项，在"字形"的下拉列表中选择"加粗"选项，并在"字号"的下拉列表中选择"36"，单击"字体颜色"按钮，在打开的下拉列表中选择"中宝石碧绿，着色3，深色50%"选项，在"下画线类型"的下拉列表中选择"单线"选项，单击"确定"按钮，如图7-10所示。

步骤4：选择第2张幻灯片中标题占位符，设置字体为"微软雅黑"，单击"文字阴影"按钮为文字添加阴影，设置字号为"44"，设置字体颜色为"矢车菊蓝，着色1，深色50%"。

步骤5：选择文本占位符，设置字体为"幼圆"，单击"加粗"按钮，并设置字号为"24"。

步骤6：选择第2张幻灯片的标题占位符，双击"开始"选项卡中的"格式刷"按钮，这时候注意鼠标指针图变为 形，滚动鼠标切换到第3张幻灯片，单击标题占位符，即可复制第

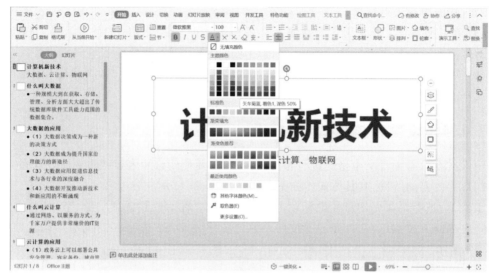

图 7-9 设置字体颜色

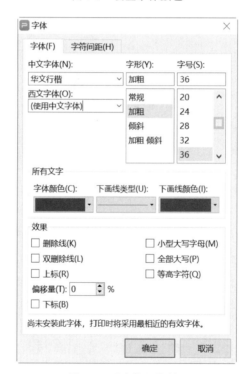

图 7-10 "字体"对话框

2 张幻灯片中的标题格式。

步骤 7：按 ESC 键取消格式刷，再次切换到第 2 张幻灯片，选择文本占位符，双击"格式刷"按钮，切换到第 3 张幻灯片，单击文本占位符，即可复制第 2 张幻灯片中的正文格式。

步骤 8：用此方法可以将第 2 张幻灯片的标题格式和正文格式复制到后面所有需要使用此格式的幻灯片中。使用格式刷复制格式后的效果如图 7-11 所示。

知识拓展：在 WPS 中，格式刷是一个比较常用的工具，在 WPS 文字、表格、演示等组件

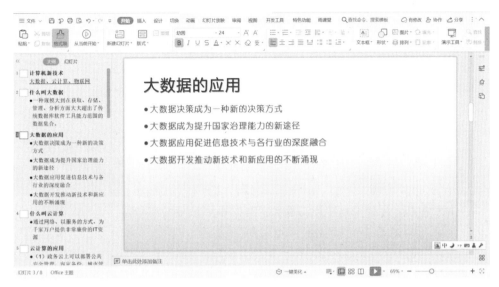

图 7-11 使用格式刷复制格式后的效果

中都可以看到它的身影。格式刷最基础的用法就是复制格式。它可以快速将选定的文字段落、单元格中的格式应用到其他内容中。如果想要复制格式的目标内容比较多且不连续,可以选择含有要应用格式的内容后双击"格式刷"按钮,就可以无限次使用格式刷功能了,当不想用时,可以按 Esc 键取消这个按钮的选定。

7.1.5 设置段落对齐方式

设置段落对齐方式可以使段落更加整齐、美观,其具体操作如下。

步骤 1:在第 1 张幻灯片中,选择副标题占位符,在"开始"选项卡中单击"右对齐"按钮,将文本在占位符中右对齐。

步骤 2:在第 2 张幻灯片中,选择文本占位符,在"开始"选项卡中单击"段落"按钮,打开"段落"对话框,在"对齐方式"栏右侧的下拉列表中选择"两端对齐"选项,单击"行距"按钮选择"其他行距",在弹出的对话框中,设置行距为"1.5",段后间距为"10",单击"确定"按钮,如图 7-12 所示。

知识拓展:段落对齐方式包括左对齐、右对齐、居中对齐、两端对齐与分散对齐。标题多采用左对齐或居中对齐;正文多采用左对齐或两端对齐;落款或日期时间等末尾信息多采用右对齐,一些特殊情况下采用分散对齐。

图 7-12 "行距"对话框

7.1.6 设置项目符号与段落间距

完成对齐方式的设置后,并不表示该幻灯片已经完成,还可对需要设置项目符号的段落进行项目符号的设置,然后调整其行间距,具体操作如下。

步骤 1:在第 3 张幻灯片中,选择文本占位符,在"开始"选项卡中单击"项目符号"下拉按钮,在打开的下拉列表中选择菱形项目符号选项,如图 7-13 所示。

图 7-13　设置项目符号

步骤 2：在选定文本占位符的状态下，单击"开始"选项卡中的"段落"按钮，打开"段落"对话框，在"间距"栏中设置"段前""段后"的间距均为"10"，如图 7-14 所示。

步骤 3：单击"格式刷"按钮对第 4 张至第 7 张幻灯片的标题、正文的字体、段落设置使用与第 3 张幻灯片相同的应用。

图 7-14　设置段落间距

步骤 4：有些幻灯片中的内容较多，导致文字过小，如第 5 张幻灯片，这时可以删除一些不必要的文字，重新调整字号。在对本节中的幻灯片文字做了一定的修改后，完成本节的基本制作，如图 7-15 所示。单击"保存"按钮，保存演示文稿。

知识拓展：演示文稿中的文字一般字号均不小于"20"，太小的字无法吸引读者的注意力。文字内容也不宜太多，通常不建议超过 7 行，一页中展示的内容过多，很难让读者抓住重点。当内容较多的时候，建议尽量精简文字，只展示内容要点。

图 7-15　设置文本格式、修改文本内容

7.2　装饰与美化演示文稿

创建与编辑"计算机新技术"演示文稿后,接下来就是对演示文稿进行装饰和美化。现在我们就来学习一下怎么使自己的幻灯片变得更漂亮。

7.2.1　制作幻灯片背景

背景在幻灯片的制作中起着至关重要的作用,它不但可使幻灯片更加美观,而且使幻灯片更便于查看。制作幻灯片背景的具体操作如下。

步骤1:启动WPS,打开7.1节制作的"计算机新技术"演示文稿。

步骤2:选择第1张幻灯片,在"设计"选项卡中单击"背景"按钮,在打开的"对象属性"窗格中,选择"纯色填充",颜色设置为"深蓝",透明度设置为"0%"。

步骤3:这时,原来的文字颜色、字体、字号就和背景显得不太协调了。调整标题字号为"80",字体颜色为"白色",副标题字体为"微软雅黑",字号为"36",去掉"下画线",设置完成后如图7-16所示。

图 7-16　设置幻灯片背景

7.2.2 插入并编辑图片

上述的标题幻灯片略显单调,可以插入适当的图片进行点缀。

步骤1:在"插入"选项卡中单击"图片"按钮,在提供的素材中选择"图片1.gif"图片文件,如图7-17所示。

步骤2:插入图片后,可选定图片,拖动鼠标移动图片到适当位置,将鼠标放在图片边框位置改变图片大小;或者选定图片后,在右侧的"对象属性"窗格中选择"大小与属性"标签,在这里可精确设置图片的高度、宽度、水平位置与垂直位置等,如图7-18所示。

图 7-17　插入图片文件

步骤3:刚插入的图片有背景颜色,显得与幻灯片整体不太协调,这时可以对图片进行一些编辑操作,让图片的显示效果更合适。可以在"图片工具"选项卡中单击"裁剪"按钮,使用"按形状裁剪",选择"六边形",再通过鼠标分别在八个裁剪点的位置进行拖放后裁剪成合适的形状,如图7-19所示。

步骤4:插入图片后,各个对象之间的叠放次序可以进行调整。如果图片挡住了之前添加的文字,那么可以通过选定图片后在右侧出现的快速工具栏中选择"叠放次序"进行调整,如将图片设置为"置于底层",如图7-20所示。快速工具栏中还有对图片进行其他编辑功能的按钮,如"图片预览""裁剪图片""图片边框"等。

步骤5:后面有些幻灯片的文本内容不多,可以插入适当的图片进行美化,并对幻灯片中原有的文本内容进行位置、大小的调整。例如,在幻灯片2、幻灯片4、幻灯片6、幻灯片8中插入适当的图片素材,并调整适当的大小和位置,调整后切换到幻灯片浏览视图,看到的效果如图7-21所示。

第7章　WPS演示文稿

图 7-18　设置图片大小与位置

图 7-19　裁剪图片

图 7-20　修改图片叠放次序

图 7-21　插入图片素材

7.2.3　插入并编辑形状

步骤1：切换回普通视图，选定第1张标题幻灯片，为了区分正标题和副标题，在"插入"选项卡中单击"形状"按钮，选择"线条"中的"直线"，用鼠标进行绘制，如图7-22所示。

图 7-22　插入"直线"形状

步骤2：选定插入的线条，设置线条的长度和颜色。如果右侧没有出现"对象属性"窗格，就右击线条，在弹出的快捷菜单中选择"设置对象属性"，这时就会在窗口右侧显示"对象属性"窗格，在弹出的窗格中设置线条颜色为"白色"，宽度为"1.00"，设置后的效果如图7-23所示。

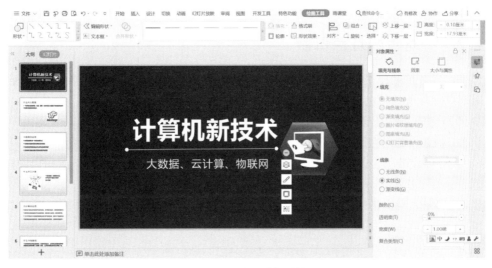

图 7-23　设置形状属性

步骤 3：选定第 2 张幻灯片，将文本内容调整到左侧，图片调整到右侧，选定文本占位符，在"图片工具"选项卡中单击"编辑形状"选项，将该图形修改为"圆角矩形"，再单击"轮廓"设置形状的轮廓颜色为"深蓝"，线条宽度为"1.5"。

步骤 4：第 4 幻灯片可以对文本占位符的形状、轮廓进行与步骤 3 相同的设置，也可以使用"对象属性"窗格中的"填充"对形状的填充颜色进行设置，如将填充颜色设置为"矢车菊蓝，着色 2，浅色 80％"，设置完成后，第 2 张和第 4 张幻灯片如图 7-24 所示。

图 7-24　编辑好形状后的幻灯片

知识拓展：WPS 演示提供了多种插入图形和图片的功能，以丰富演示内容，除了图片和形状之外，还包括智能图形、图表、艺术字等。智能图形是一种图形工具，用于创建具有专业外观的图形组织结构图、流程图、循环图等。WPS 演示提供了多个 SmartArt 样式，用户可以根据演示内容选择适合的样式并添加自定义文本。WPS 演示内置了强大的图表功能，可以创建各种类型的图表，包括柱状图、折线图、饼图、雷达图等。用户可以导入数据并自定义图表的样式、颜色和标签，以便更好地展示数据。艺术字是一种艺术性文本工具，可以将文字转化为各种演绎风格的艺术字。用户可以使用不同的字体、颜色、阴影和其他效果来创建独特的标题或标语。除了上述列举的功能，WPS 演示还提供了背景图片、水印、图标等插入图形和图片的功能，用户可以根据自己的需要选择适合的图形和图片类型，并利用 WPS

演示的强大功能创建出令人印象深刻的演示文稿。

7.2.4 编辑幻灯片母版

母版幻灯片控制整个演示文稿的外观，包括文本颜色、字体、背景、效果和其他所有内容。对幻灯片母版编辑的具体操作如下。

步骤 1：单击"视图"选项卡中的"幻灯片母版"按钮，进入幻灯片母版编辑状态。

步骤 2：进入幻灯片母版视图后，左侧大纲窗格中显示了所有版式的幻灯片母版。其中，第 1 张幻灯片母版为通用幻灯片母版（设置该幻灯片将应用于演示文稿中的所有幻灯片），下面的幻灯片母版分别对应不同版式的幻灯片。

步骤 3：在大纲窗格中选择第 3 张幻灯片母版（标题和内容版式），进行母版设置，如图 7-25 所示。

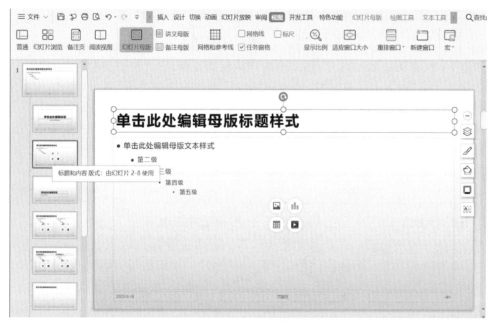

图 7-25　母版适用版式

步骤 4：插入图片文件"背景.jpg"，调整其大小、形状，叠放次序选择"置于底层"。

步骤 5：相应地调整标题占位符的字体、字号、颜色、对齐方式，调整后如图 7-26 所示。

步骤 6：单击"视图"选项卡中的"普通"视图按钮，因为之前已经对标题占位符的内容进行了字体、字号、颜色等设置，所以母版的设置被覆盖了。这时，就需要重新对标题占位符中的内容的字体、字号、颜色等进行设置。设置完第 2 张幻灯片后，可以使用格式刷对其他幻灯片进行快速设置。

知识拓展：幻灯片主题是指应用的幻灯片整体方案，主题中包含了幻灯片风格、布局、版式和文本框，通过幻灯片主题可快速对幻灯片样式进行应用。对于已经使用了主题的幻灯片而言，设置背景可能会影响到主题风格，但合理采用背景能够强化主题效果，使幻灯片整体更加美观。

图 7-26　设置好的标题和内容版式母版

7.2.5　添加视频文件

完成上述美化幻灯片工作后，还可在幻灯片中插入视频，插入后可在幻灯片播放的同时放映视频内容，从而增强演示文稿的真实性与说服力，其具体操作如下。

步骤 1：在大纲视图中选择第 2 张幻灯片，单击"开始"选项卡中的"新建幻灯片"按钮，就新建了一张幻灯片，输入标题文字为"大数据时代的一天"，如图 7-27 所示。

图 7-27　插入第 3 张幻灯片

步骤 2：在"插入"选项卡中单击"视频"按钮，在打开的下拉列表中选择"嵌入本地视频"选项。

步骤 3：打开"插入视频"对话框，在"ppt 素材"中选择需要插入幻灯片中的视频文件，这里选择"大数据时代的一天.avi"，如图 7-28 所示。

图 7-28　插入视频

步骤 4：拖曳视频区域四周的控制点调整其大小，并将其拖曳到合适的位置。

步骤 5：保持视频的选定状态，在"视频工具"选项卡中的"开始"下拉列表框中选择"自动"选项，如图 7-29 所示。

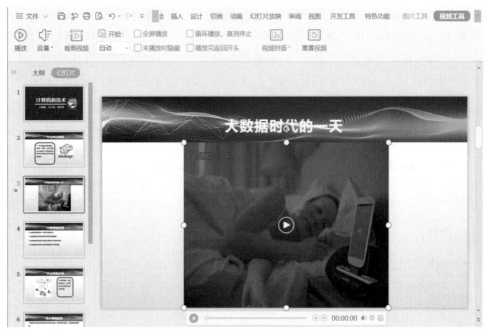

图 7-29　设置自动播放

步骤 6：单击"裁剪视频"按钮，在弹出的"裁剪视频"对话框中设置"开始时间"为"00：13.98"，"结束时间"为"04：45"，单击"确定"按钮，如图 7-30 所示。

步骤 7：在第 1 张幻灯片中添加声音。选中第 1 张幻灯片，在"插入"选项卡中单击"音频"按钮，选择"嵌入音频"选项，在弹出的对话框中选择"声音.mp3"，单击"确定"按钮。在

图 7-30　裁剪视频

幻灯片中选定喇叭形状的图标，并在"音频工具"中设置"自动开始"与"放映时隐藏"，如图 7-31 所示。

步骤 8：完成设置后，单击"幻灯片放映"即可放映设置好的幻灯片，查看放映的效果并保存演示文稿。

图 7-31　编辑音频

7.2.6　插入超链接、动作

WPS 演示的"插入"选项卡中提供了"超链接"和"动作"按钮，可以为幻灯片提供交互和导航功能，使演示更加生动和更具有互动性。

步骤 1：为了使演示文稿结构更清晰，可以添加目录页。在第 1 张幻灯片后，单击"新建幻灯片"按钮，在弹出的对话框中选择"商务"风格中一个可以下载的目录页，然后选择目录个数,如图 7-32 所示的演示文稿为 4 项,单击"立即下载"。

图 7-32　下载目录页

步骤 2:根据页面提示,修改目录内容分别为大数据、云计算、物联网、三者关系,如图 7-33 所示。

图 7-33　编辑目录页内容

步骤 3:选定第 1 个目录内容"大数据",单击"插入"选项卡中的"超链接"按钮,在弹出的"插入超链接"对话框中选择"本文档中的位置",选择幻灯片"3.什么叫大数据",如图 7-34、图 7-35 所示。

步骤 4:将目录页中的其他目录内容也相应地插入超链接的内容,这样在放映演示文稿时,鼠标指针停留在相应的目录上就会变成"手形",单击可以改变幻灯片的放映顺序。

步骤 5:在演示文稿最后插入一张新幻灯片,使用"标题幻灯片"版式,并沿用之前第 1 张标题幻灯片的风格,在标题占位符中输入文字内容"一起学习,共同进步",副标题占位符

图 7-34 "超链接"按钮

插入自动更新的日期,"日期和时间"对话框如图 7-36 所示。这张结束页幻灯片制作完成后,如图 7-37 所示。

图 7-35 "插入超链接"对话框

图 7-36 "日期和时间"对话框

步骤 6:在大纲视图中选择第 2 张幻灯片,单击"插入"选项卡中的"形状"按钮,在"动作按钮"中选择"动作按钮:结束",在幻灯片右下角拉出图形,弹出"动作设置"对话框,如图 7-38 所示。

步骤 7:选中新插入的动作按钮,复制后,将其依次粘贴到其他幻灯片(除了第一张和最后一张幻灯片)的相应位置,这样在演示文稿放映时,演讲者可以随时单击此按钮跳转到最后一张幻灯片。

步骤 8:单击"保存"按钮,将这个演示文稿保存下来。

图 7-37 结束页幻灯片

知识拓展：超链接是在演示文稿中创建可单击的链接，可以链接到其他幻灯片、外部网页、电子邮件地址、文件或者其他文档。动作按钮是在幻灯片中创建的可单击的按钮，可以为其设置不同的动作，如跳转到其他幻灯片，播放声音或视频，执行动画效果，执行宏命令等。总而言之，超链接和动作按钮为演示文稿增添了交互和导航功能，使观众可以根据需要自由浏览、交互和控制演示内容。

图 7-38 插入动作按钮

7.3 设置动画与放映

前面已经对演示文稿的基本内容进行了编辑，因此只需要添加并设置幻灯片动画、设置幻灯片的切换方案、设置放映方式与时间即可，下面分别对其进行介绍。

7.3.1 添加幻灯片动画

打开"计算机新技术"演示文稿,并根据其中的内容按照显示的先后顺序添加不同的动画效果,使其查看更加美观,其具体操作如下。

步骤1:双击打开"计算机新技术"演示文稿,选择第4张幻灯片中正文部分的第一个文本框,在"动画"选项卡中单击"动画样式"按钮,在弹出的下拉列表中选择"进入"选项卡中的"切入"选项,如图7-39所示。

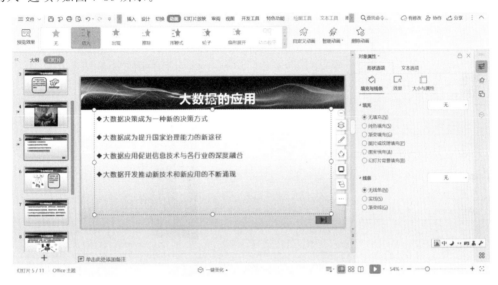

图7-39 设置动画样式

步骤2:单击"动画"选项卡中的"自定义动画"按钮,可以在弹出的"自定义动画"窗格中设置"开始"方式、动画"方向"、动画"速度"。添加了动画的各个对象左侧会显示一个数字序号,表示动画的播放顺序,在"自定义动画"窗格中也可以进行动画顺序的调整,如图7-40所示。

步骤3:对第7张和第9张幻灯片设置与第4张幻灯片相同的动画。

知识拓展:动画样式共有四种类型,在幻灯片中有着不同的效果:①进入动画用于设置幻灯片对象在幻灯片中从无到有的动画效果,用于突出幻灯片对象的显示,也就是使特定对象的显示能够吸引观众。②强调动画是将幻灯片对象以各种明显的动画特征突出显示,也就是从对象存在到明显显示的过程。③退出动画用于设置幻灯片对象从有到无的过程,用于淡出特定对象在幻灯片中的显示。④路径动画用于设置幻灯片对象的移动轨迹。

图7-40 动画的播放顺序

7.3.2 设置幻灯片动画

当完成幻灯片动画的添加后,除了部分动画需要设置方向等效果外,还可以对动画的开始方式、持续时间及延迟时间进行调整。根据需求,用户还可以调整动画顺序,或者将设置错误的动画删除。

步骤1:切换至第1张幻灯片的标题文字,在"动画"选项卡中打开"动画、样式"的下拉列表,然后单击"进入"选项右侧向下的箭头,以显示更多选项,如图7-41所示。

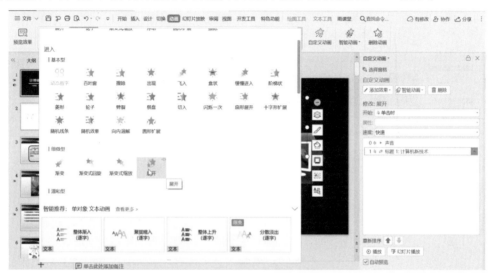

图7-41 选择更多进入效果

图7-42 设置放映开始方式与持续时间

步骤2:向下滚动鼠标,在"细微型"选项卡中选择"展开"选项,单击"确定"按钮。

步骤3:在"自定义动画"窗格中选定要设置的动画,右击该动画,在弹出的"展开"对话框中,选择"计时"选项卡,设置"开始"为"之前",设置"速度"为"中速(2秒)",如图7-42所示,完成设置后,单击"确定"按钮。

步骤4:对副标题也设置同样的动画效果,这时的幻灯片各对象左侧显示的数字序号均为"0",表示在幻灯片播放的时候"声音""正标题""副标题"三个对象的动画会在第一时间同时开始播放。

知识拓展:单击"动画"选项卡的"自定义动画"按钮,在窗口右侧显示出"自定义动画"窗格,在其中可查看每个动画的详情,如果要调整动画的播放顺序,只需在列表中向上或向下拖曳动画到其他动画之前或之后即可。如果要更改动画样式,要选定某个动画后在"更改"选项中进行,不能选定对象重新添加动画,因为幻灯片中的对象是可以添加多个动画的。若要删除动画,则单击右侧下拉按钮,在打开的下拉列表中选择"删除"选项即可。

7.3.3 设置幻灯片的切换方案

步骤 1：选择第 1 张幻灯片，单击"切换"选项卡中的"形状"效果选项。

步骤 2：将速度设置为"01:00"，换片方式设置为"单击鼠标时换片"，完成后单击"应用到全部"按钮，设置后的效果如图 7-43 所示。

图 7-43 设置幻灯片的切换方案

知识拓展：如果要为所有幻灯片设置相同的切换效果，只需单击"应用于所有幻灯片"按钮即可。若要为每张幻灯片设置不同的切换效果，则分别切换到每张幻灯片后设置。不过对于商务幻灯片，通常只采用一种切换方案，有时甚至不采用切换方案。

演示文稿中使用动画和幻灯片切换效果可以增加视觉吸引力和交互性，使演示更生动有趣。然而，动画效果的使用需要谨慎，应根据具体情况进行判断，如在强调重点内容时、控制信息流动时、实现过渡效果时、需要控制节奏和注意力时适当使用。过度使用动画效果反而会分散观众的注意力，甚至让演示显得烦琐和冗长。因此，在设置动画效果时，应遵循适度和简洁原则，避免过多的效果和复杂的动画过程。

更重要的是，动画效果应该与演示的主题和目标相一致，并能够增强内容的表达和传达效果。在使用动画效果之前，建议先进行演示的整体规划和设计，明确每个动画效果的目的和作用，确保其有助于提升演示的效果和效率。

7.3.4 设置放映方式与时间

放映方式是指幻灯片的放映类型及换片方式等，不同的放映方式适合不同的放映环境，用户需要根据实际情况来选择。放映时间是指通过排练计时功能来合理设置每张幻灯片的自动播放时间。设置放映方式与时间的具体操作如下。

步骤 1：选择第 1 张幻灯片，在"幻灯片放映"选项卡中单击"设置放映方式"按钮，打开"设置放映方式"对话框，在这里可以对"放映类型""放映选项"等进行设置，如图 7-44 所示。

步骤 2：在"幻灯片放映"选项卡中单击"排练计时"按钮，进入到排练计时界面并开始放

图 7-44　设置幻灯片放映方式

映幻灯片,在录制框中显示当前幻灯片的放映时间,等到幻灯片内容放映完毕,并且录制框中的时间达到期望时间后,单击"下一项"按钮。

步骤3:逐张播放幻灯片,对每张幻灯片的播放时间进行排练计时,当最后一张幻灯片播放完毕时,弹出提示对话框,显示放映总时间,单击"是"按钮。

步骤4:此时,可以进入幻灯片浏览视图,在每张幻灯片缩略图下方会显示幻灯片的放映时间,如图7-45所示。

图 7-45　查看放映时间

本章小结

本章主要从创建与编辑演示文稿、装饰与美化演示文稿、设置动画与放映这三方面介绍了演示文稿的制作。除了对基本功能的掌握之外,在制作演示文稿时还要注意几个原则:

强调主要信息、保持一致的风格、使用适当的图表和图片、控制文字数量和字体大小、使用适当的动画效果、提供清晰的导航和结构等。最重要的是，演示文稿应与演讲内容相互配合，而不能作为演讲的替代品或独立存在。演示文稿应该是演讲的辅助工具，与演讲者的讲述相互配合，起到支持和强化演讲内容的作用。

上机实验

实验任务　制作"新员工入职培训"演示文稿

实验目的

1. 掌握演示文稿的基本操作。
2. 掌握幻灯片的编辑操作。
3. 掌握在幻灯片中插入各类对象。
4. 掌握幻灯片的美化操作。
5. 熟悉幻灯片对象的动画设置及幻灯片的切换。
6. 熟悉幻灯片的放映方式。

实验步骤

新世纪网络技术有限公司的人事专员，在十一国庆节后，为公司招聘了一批新员工，需要对这批新员工进行入职培训。人事助理已经制作了一份演示文稿的素材"ppt素材.pptx"，请打开该文档进行美化，并将文件另存为"新员工入职培训.pptx"，具体要求如下。

（1）将第2张幻灯片版式设置为"标题和竖排文字"，将第4张幻灯片的版式设置为"比较"；为整个演示文稿指定一个恰当的设计主题。

（2）通过幻灯片母版为每张幻灯片增加利用艺术字制作的水印效果，水印文字中应包含"新世纪网络"字样，并旋转一定的角度。

（3）根据第5张幻灯片右侧的文字内容创建一个组织结构图，其中总经理助理为助理级别，结果应类似Word样例文件"组织结构图样例.docx"中所示。

（4）为这些幻灯片上的对象添加任一合适的动画效果。

（5）为演示文稿设置一种幻灯片切换方式。

（6）用这个演示文稿做一个培训排练，在演示文稿中保留排练计时的内容。

参 考 文 献

[1] 罗晓娟,刘熹,吴新华,等.计算机基础(Windows 10＋Office 2016)[M].北京:清华大学出版社,2021.

[2] 教育部考试中心.全国计算机等级考试一级教程计算机基础及 WPS Office 应用[M].北京:高等教育出版社,2022.

[3] 李淳.基于智能信息处理的计算机发展[J].中国新通信,2023,25(04):31-33.

[4] 张云泉,袁良,袁国兴,等.2022年中国高性能计算机发展现状分析与展望[J].数据与计算发展前沿,2022,4(06):3-12.

[5] 黄纪烨.计算机技术对社会发展的影响[J].佳木斯职业学院学报,2022,38(09):34-36.

[6] 郭佳.人工智能时代计算机的现状与发展趋势[J].无线互联科技,2022,19(06):36-37.

[7] 薛亚,朱娅晶.基于智能信息处理的计算机发展研究[J].计算机产品与流通,2020(11):168.

[8] 戴红红.大数据时代下计算机的发展趋势研究[J].科技创新与应用,2020(27):6-7.

[9] 令小怀.浅析《计算机应用基础》中进制转换的方法技巧[J].试题与研究,2020(09):24.

[10] 王晶.计算机教学中的进制转换方法解析与应用[J].电子世界,2016(20):21-22.

[11] 樊变珍.计算机中各进制数之间的转换方法与技巧[J].吕梁教育学院学报,2011,28(04):111-112.

[12] Kurose J F,Ross K W.计算机网络:自顶向下方法[M].北京:机械工业出版社,2022.

[13] 谢希仁.计算机网络[M].8版.北京:电子工业出版社,2021.

[14] 高辉.5G网络技术研究现状和发展趋势[J].通讯世界,2017(15):2.

[15] Russell S J,Norvig P.人工智能:一种现代的方法[J].殷建平,祝恩,刘越,等译.北京:清华大学出版社,2013.

[16] 尤肖虎,潘志文,高西奇,等.5G移动通信发展趋势与若干关键技术[J].中国科学:信息科学,2014,44(5):551-563.

[17] 刘智慧,张泉灵.大数据技术研究综述[J].浙江大学学报:工学版,2014(6):16.

[18] 刘正伟,文中领,张海涛.云计算和云数据管理技术[J].计算机研究与发展,2012(S1):6.

[19] 赵沁平.虚拟现实综述[J].中国科学:信息科学,2009(1):45.

[20] 袁勇,王飞跃.区块链技术发展现状与展望[J].自动化学报,2016,42(4):14.

[21] 冯登国,徐静.网络安全原理与技术[M].北京:科学出版社,2010.

[22] 陈克非,郑东.网络安全与密码技术导论[M].武汉:华中科技大学出版社,2015.

[23] 班倩.金山WPS演示软件版式的场景化设计研究[D].武汉:湖北工业大学,2020.

[24] 王志军.WPS Office 2019使用全攻略[J].电脑知识与技术(经验技巧),2019(08):5-15.

[25] 刘妮娜.简述移动版 WPS Office 之 Excel 的操作技巧[J].现代信息科技,2021,5(11):128-131+135.

[26] 于波.简述日常办公中WPS与Office之间的区别与联系[J].科学大众(科学教育),2017(04):191.

[27] 张源.WPS Office新增护眼功能[J].计算机与网络,2016,42(13):39.

[28] 技术宅.互相致敬 WPS也能媲美 Office VBA[J].电脑爱好者,2015(05):13-14.

[29] 宋志明.在WPS Office文字中巧用查找替换[J].电脑知识与技术(经验技巧),2013(12):46-48.